〔英〕亚当·卢瑟福（Adam Rutherford）著

〔马来〕亚当·明（Adam Ming）绘　陆剑 译

你到底从哪儿来？

人类起源的故事
WHERE ARE YOU REALLY FROM?

CnS　湖南少年儿童出版社　小博集
HUNAN JUVENILE & CHILDREN'S PUBLISHING HOUSE

· 长沙 ·

Where Are You Really From?

by Adam Rutherford

First published in Great Britain in 2023 by Wren & Rook

Text copyright © Adam Rutherford 2023

Illustrations copyright © Adam Ming 2023

Simplified Chinese translation copyright © 2024 by China South Booky Culture Media Co., Ltd.

All rights reserved.

著作权合同登记号：图字 18-2024-103

图书在版编目（CIP）数据

你到底从哪儿来？人类起源的故事 /（英）亚当·卢瑟福著；（马来）亚当·明绘；陆剑译 .-- 长沙：湖南少年儿童出版社，2024.6

ISBN 978-7-5562-7613-4

Ⅰ. ①你… Ⅱ. ①亚… ②亚… ③陆… Ⅲ. ①人类起源—少儿读物 Ⅳ. ① Q981.1-49

中国国家版本馆 CIP 数据核字（2024）第 089427 号

NI DAODI CONG NAR LAI? RENLEI QIYUAN DE GUSHI

你到底从哪儿来？人类起源的故事

[英]亚当·卢瑟福（Adam Rutherford）◎著
[马来]亚当·明（Adam Ming）◎绘
陆剑◎译

责任编辑：唐 凌 李 炜　　　　　策划出品：李 炜 张苗苗
策划编辑：蔡文婷　　　　　　　　特约编辑：杜佳美
营销编辑：付 佳 杨 朔　　　　　版权支持：王立萌
版式排版：百朗文化　　　　　　　封面设计：主语设计
出 版 人：刘星保
出　　版：湖南少年儿童出版社
地　　址：湖南省长沙市晚报大道 89 号　　　邮　编：410016
电　　话：0731-82196320
常年法律顾问：湖南崇民律师事务所　柳成柱律师
经　　销：新华书店
开　　本：700 mm × 955 mm　1/16　　　印　刷：北京天宇万达印刷有限公司
字　　数：124 千字　　　　　　　　　　　印　张：12
版　　次：2024 年 6 月第 1 版　　　　　　印　次：2024 年 6 月第 1 次印刷
书　　号：ISBN 978-7-5562-7613-4　　　　定　价：38.00 元

若有质量问题，请致电质量监督电话：010-59096394　团购电话：010-59320018

献给朱诺

特别感谢埃玛·诺里

目录

序章

你觉得自己是谁？

　　你有没有想过，某个**超级名人**可能是你亲戚？这个人一定是比你那讨人厌的妹妹、臭烘烘的哥哥，或者那个住在西班牙、从没见过面，但每年生日都会寄给你 5 英镑（哪怕因为物价上涨，5 英镑越来越不值钱了）的大伯罗杰更加精彩、有趣的人！好啦，不用再瞎猜了，我要告诉你一个会让你大吃一惊的秘密！准备好了吗？除了你的家人，比如爸爸妈妈、兄弟姐妹、大伯罗杰以外，**你还和凶猛的维京海盗、了不起的帝王、埃及法老、伟大的女王或者没用的国王有血缘关系！真的！**

没错，您没看错，陛下。**您绝对、确确实实、百分之百出身皇室。**你真的很特别。事实上，每个人都很特别。现在我就告诉你为什么，这到底是怎么回事。

在这本书里，我们将踏上惊心动魄的冒险之旅，穿越数百万年的人类历史。我们会一路回到人类的起源时刻，甚至还要回到地球上生命开始的时刻，乃至地球自身的诞生时刻。我们将会见到各种各样、曾经是你老祖宗的生物。从古代海洋中的小虫子，到毛茸茸的猿类，再到毛发没那么多的国王和女王。你会了解到人类是如何从非洲——人类起源的地方——走到世界的各个角落的。

在这趟奇妙之旅中，我们要发掘一些**超级震撼**的秘密，关于科学如何帮助我们了解人类的故事，以及作为"人类大家庭"的一员到底意味着什么。比如说，不管我们的皮肤是什么颜色，说什么语言，来自哪里，我们都有共同的祖先。

有了这一大堆超酷的知识，你就可以破除很多关于人类起源、种族的常见误区，真正明白什么叫作"人"。而且你还能向你的小伙伴和家人分享世界上每个人的传奇故事，因为你就是这个故事的一部分！

你到底从哪儿来？

亚当·卢瑟福

你好！我叫亚当。我是一个对自然和历史都很感兴趣的科学家。当你结合了这两个爱好时，你就踏入了探索进化的世界，**进化**就是地球上生命演变的历史。我写了许多关于这个主题的书，还主持了一些电视和广播节目。我对科学万分痴迷。

在这趟宏伟的知识之旅中，我将做你的向导。值得一提的是，我和许多科学家一样，并不是全知全能的。因此，我召集了一批杰出的专家伙伴，让他们与我们一同踏上这场旅程。

埃玛·诺里是个才华横溢的作家，为小朋友们写下了无数精彩的故事。她会和我一起讲述进化的故事。亚当·明是一个出色的艺术家兼插画师，他擅长创作又酷又搞笑的漫画和插画。（嘿，这本书里有两个亚当，不要搞混！）

埃玛·诺里

亚当·明

我们三个都喜欢通过文字、科学事实和图片来分享故事。我们的背景各不相同，我经常让埃玛分享她的见闻，或者请亚当·明用他的插图来描述故事，因为有时候图片比文字更直观。最棒的是，作为一个团队，我们各自有着独特的身份和经历，这使我们能为这本书注入多种元素。

亚当·卢瑟福：我是英国人和圭亚那印度人的混血儿。我爸爸是约克郡人，他在新西兰长大；我妈妈是印度人，她出生在南美的圭亚那。我从小和爸爸在萨福克生活，家里还有我的继母（她是埃塞克斯人，她爸爸是利物浦人，不过她的爷爷是俄国犹太人）、一个亲妹妹、两个继兄弟和一个同父异母的弟弟。现在我和我的三个孩子、一只猫和一只狗（它们讨厌彼此）住在伦敦。我喜欢科学、板球、超级英雄电影和漫画。

埃玛·诺里：我也是混血儿！我在威尔士的卡迪夫出生，有一半犹太、一半加勒比的血统。小时候我总在搬家。现在我和丈夫还有两个孩子定居在伯恩茅斯。我超级喜欢历史，爱做泰国菜，读各种好书，看超酷的科幻和帮派电影！

亚当·明：大家好，我是亚当·明，我希望通过我画的插图带给你欢笑和知识。我发现自己通过图片学得最好，因此我画了很多图，帮助人们更**确切**地表达自己。我从爸爸那儿继承了 50% 的中国血统；从我妈妈那边混了英国，可能还有西班牙或葡萄牙的血统，但确切来源还是个谜。这让我对自己的出身有些好奇和困惑。

这是我们的故事。现在轮到你了，你从哪儿来？但愿你能轻松回答出这个问题。也许你住在伦敦、东京、巴塞罗那、巴黎或柏林。但有没有人问过你："**那么，你到底从哪儿来？**"

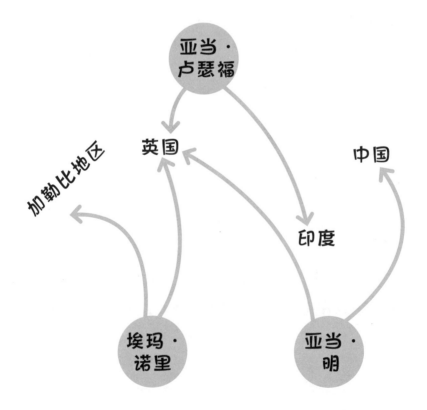

很多人都这样问过我。我小时候是在乡村长大的，村里没有很多像我这样有棕色皮肤的人。所以我经常被问这个问题。如今，这种提问变少了，不过这仍然是一个大家都在思考的问题。这究竟意味着什么呢？这个问题很有意思，因为一般来说，只有某些特定的人才会被问到这个问题，那些祖先来自其他国家的人（即使他们像我这样在英国出生），还有那些外貌特征（比如皮肤颜色、头发颜色或质感）与大部分英国人不同的人。

就在不久前还有人对我说："印度人充满'异域风情'。"这听起来似乎是个称赞，但又让人觉得有些怪怪的。因为我不是印度人，也完全不觉得自己充满异域风情。我来自伊普斯威奇，一个宁静的英国小镇，那里有一支我钟爱的足球队，虽然他们暂时踢得没那么好，但每场比赛中他们都在进步。

我们每个人都有自己独特的故事，因为我们都是与众不同的。你可以简单地说："我是地球人。"这当然没错。人与人之间存在差异，我觉得这很美好。如果大家都是千篇一律的，那该多无聊啊！在这本书里，我们会深入探究每个人的起源，不论他的皮肤或头发是什么颜色。为什么这么做呢？因为如果你探究得足够深入，你就会发现**人的起源比你想象得更有趣、更复杂、更奇妙！**

这是地球生命的故事，

而**你**在其中扮演了重要角色。

因为你的身体里，

每一寸，每一处，

都蕴藏了人类的

全部历史……

第一章

很久很久以前……

为了开始我们的旅程，我们需要掌握一些基础知识。所以，让我们回到最初。我们将讨论生物是如何进化的，科学家是如何探索地球生命奥秘的。这是关于你真正来自何处的故事，不是指你的家、街道、城市或国家，而是关于40亿年的生命进化历史。这个故事不仅与生命的进化有关，还涉及陆地、海洋、地球、月球，甚至整个太阳系。这是有史以来最宏大的故事，所以我们需要从最开始讲起。据说，宇宙诞生于大约138亿年前。这时间长得简直超乎我们的想象，很难用头脑去计算。138亿是个多大的数字？我粗略算了一下，假设从此刻开始，每秒数一个数字，不休息，不吃饭，你得数上438年才能数完。换句话说，宇宙诞生是很久以前的事了。

宇宙从138亿年前开始于虚无中，这种"虚无"对我们大多数人来说也是非常难理解的，甚至是不可能理解的。突然间，"砰"的一声大爆炸，所有事物都诞生了。宇宙中的一切，无论是空间、时间还是物质，都在**大爆炸**的那一瞬间立刻形成了。

砰！

大爆炸（the big bang）:

大爆炸理论是科学家用来描述宇宙如何形成的主要方法。这个理论指出，大爆炸是我们宇宙的初始事件，标志着空间和时间的开始。在那之前什么都不存在，因为时间实际上是从那一瞬间开始的。这是一个相当令人困惑的概念，不过你可以这样想：

在你出生之前，你是什么样的呢？

答案是：你什么样子都不是，因为你并不存在。同理，宇宙在大爆炸中形成，在那之前，它是不存在的。物理学家和空间科学家有其他的想法（比如宇宙也许是永恒的，或者在数十亿年间里也许有多次大爆炸循环发生）。但大多数科学家认为是大爆炸启动了宇宙。

有趣小知识：

你知道吗？太空中是没有声音的，因为太空中没有空气，而声音需要通过空气来传播。所以，大爆炸实际上并没有发出太大的爆炸声。但它确实是个宇宙级的大事件，毕竟它创造了宇宙中的一切。说白了，就是个"大得很"但没什么声响的"爆炸"！

太阳的形成

大爆炸接下来的 90 亿年里，几乎没有什么大事发生（实际上这并不正确：星星、行星和星系几乎一直在形成，为宇宙带来光亮。不过在我们的故事里，这些都不重要）。然后在大约 46 亿年前，一颗星星在我们的银河系里开始形成。和宇宙中的其他星星相比，它非常渺小，但这颗小星星后来成了我们的太阳。巨大的氦和氢云团在太空中旋转，就像银河系放了一个**超级无敌大响屁**，最终它们在重力作用下凝结成一个炽热的火球。这就是太阳进化的开始——尽管它刚形成时，要比现在小很多，也暗淡很多。

星星形成时经常会有剩余的部分围绕它们旋转。有时这些部分会缓慢地相撞并粘在一起。

一旦它们变得够大，就会形成岩石，然后形成巨石，接着形成小行星，最终会形成行星——我们称这个过程为**吸积**（accretion）。

太阳系中的所有行星都是这样形成的。我们的家园地球是在大约 46 亿年前开始形成的。但那时候的地球可完全不像现在这样。那时的地球真的是一个地狱般的噩梦：没有水，到处都是滚烫的火山岩；没有大气层，从天而降的流星撞击力度大得可怕，坚硬的岩石每隔几天就会消失——就像湖上的薄冰被硬生生砸碎那样。如果你时空穿越，回到那时候，脚触地的那刻，你就会没命。实际上，那时也没有地面，只有熔化的铁和岩石，所以你可能在到达的那一刻就死了，要么蒸发，要么被流星砸死，要么被烧成焦炭。老实说，要我选，我一个都不想选。年轻的地球完全不是生命可以存在的地方。

有史以来最糟糕的一天和月球的形成

你是不是觉得刚才的描述很糟糕？那接下来发生的事就更糟糕了。大约 45 亿年前，地球经历了**它有史以来最糟糕的一天**。你知道有些日子，外面下着雨，你睡醒后心情很不好，早餐没有牛奶，作业还没写完，上学也要迟到了。没错，就是那种感觉一切都很糟的日子。

但地球的这一天更糟糕、更夸张。有一块巨大的岩石，差不多有火星那么大，正在穿越太空。科学家给它起了个名字，叫"忒伊亚（Theia）"。这名字听起来很甜美吧，但它根本"名不副实"，因为接下来发生的事情是：忒伊亚撞到了年轻的地球上，这是撞击地球的最大物体。不是正面撞上，而是斜着撞到了地球顶部，地球受到如此强烈的撞击，永久性地改变了垂直轴，形成了现在大约 23 度的倾角。大多数星球都是垂直旋转的，但我们的星球却是倾斜着旋转的。

那次大撞击把地球的一块撞飞了，飞出去的这部分到了太空中，但没飞多远就被地球的引力拉了回来，它就像一个巨大的岩石果冻一样在太空中晃来晃去。那真的是地球有史以来最糟糕的一天。但经过一段时间，这块岩石最终稳定下来变圆了，然后它就成了我们知道的月亮。今天，月球的引力带来了潮汐，生命在潮汐中繁衍，月球为所有的夜行生物（比如蝙蝠、獾、狐狸，还有夜里工作的保安）提供了光。地球的轴倾斜也是季节更替的原因。所以说，尽管忒伊亚造成了这么大的破坏，但它也创造了我们今天的地球家园。

每次抬头看月亮，
　　都记得向忒伊亚说声谢谢——

不是因为它曾带来那场
　　惊天动地的大混乱，

而是因为它创造了我们
　　如今生活的这个星球。

谢谢你，忒伊亚！

地球一直在转，所以阳光照射地球的角度也会改变。这就是为什么我们在夏天觉得更热，因为我们离太阳更近了。太阳和月亮对生命的存在都很重要。

彗星雨

在忒伊亚撞击事件发生后的大约5亿至8亿年间，地球依然是个可怕的地方。天空中不断有流星和彗星坠落，陆地和海洋每隔几周就会蒸发。地表像熔岩一样，不停地翻滚变化。地质学家（研究岩石和行星的人）称这段时间为"冥古宙（Hadean）"，名字取自希腊的地狱之神。基本上，那时的地球

是有史以来最糟糕的度假地。

但最终一切都稳定下来，变得平静了，当然这种情况并不是突然发生的，我们很难理解地球的时间尺度。流星不再从空中坠落，大陆开始形成，海洋也逐渐稳定并冷却下来。这都发生在大约40亿年前。等到地球稍微冷静下来，稳定了，生命就开始出现了。我们怎么知道的呢？因为我们找到了细胞化石：隐藏在古老岩石中的微小单细胞，它们几乎和那个时代一样古老。

卢卡（LUCA）
——所有生物的"祖母"

虽然还不能百分之百确定，但有些科学家（包括我在内）认为生命是从海底开始的。还有些科学家认为生命起源于地表，因为地表有光和雷电。还有人认为生命是从太空来的！但在科学的世界里，我们要尽量提出与我们所观察和验证的现象相符的解释。

如果生命起源于地表，那它是由光和雷电激发的吗？我觉得这个解释不太好，因为大部分现存的生物并不依赖光生存，而雷电通常会"烧焦"生物，这对我们享受美好的一天并无帮助。至于生命从太空来的说法，虽然很有创意，但并没有真正解答生命起源的问题，只是把问题换了个地方，虽然很适合漫画和电影创作，但对普通科学家来说不太有说服力。

我倾向于认为生命起源于海洋。因为深海里有个地方，那里的岩石和冒出的气体很像生命的活细胞。气体和化学物质从充满无数小洞和裂缝的巨大塔状物中冒出来。那是个充满活力的环境，有热量、气体和营养。我认为这是第一个细胞如何形成的最佳解释，它与今天的细胞工作方式很相似：能量、热量、食物都封闭在微小的空间里，就像我们身体中的一个细胞。当然，我也可能是错的。也许将来我们会找到更多证据，进行更多实验，对地球上生命的起源有更深入的了解。

科学家其实喜欢被证明他是错的。你觉得发生了什么？

人们常常觉得科学家无所不知，但事实并非如此。大多数科学家都很努力工作，对自己的研究做深入思考，但我们并不是无所不知的。科学就是探索和寻找答案，而有时找到的这些答案可能是错的。但这完全没问题。科学家所说的最关键的一句话就是"**我不知道**"。在这本书中我经常说"我们不知道"。你也千万不要害怕对老师或者朋友说你不知道某个问题的答案。说不定有一天，你就是解决这个问题的科学家。到时候，你就可以告诉我那些我思考了很多年的问题的答案了。

我们并不确切知道最初的生命形态是什么样子的，不过我们确实对它有一些认知。第一个生命体只是一个单细胞，有点像现在的**细菌**——太小了，肉眼看不见，但它内部充满了化学反应。

我们称它为"卢卡"，意思是"现存生物的最终共同祖先[①]"，也就是"生物共同的老祖宗"。你可以这么理解：就拿你自己的家庭为例，你的父母是你最近的祖先，但他们只是他们自己孩子的祖先。你的祖母是你、你的父母以及她所有孙子女的祖先。

LUCA

卢卡就是地球上每个生物的祖先。

那当然包括你、你家的猫、狗或者仓鼠，冰箱里的西蓝花，窗户外的那棵树，你应该扔掉的那片发霉的面包上的霉菌，昨晚在你妈车上拉屎的那只鸟，还有鸟屎里的细菌……**所有的一切！**

---

① LUCA："Last Universal Common Ancestor"的首字母缩写。

生命树

　　在我们的认知范围内，所有已知的生命都在这棵以卢卡为根的大家族树上。我们不确定的是，是否有其他的生命树存在过，但没有存活下来。有的科学家提出，现在可能还有另一棵我们从未发现的生命树！我并不这么认为，我觉得这是个有趣但有点傻的想法。但我给你的挑战就是：成为一个科学家，然后**证明我错了！**

　　显然，卢卡和我们完全不同，它就是个黏糊糊的微小细胞，生长在大海底部滚烫的岩石中，不过它与我们身体中的细胞有一些共同特征。卢卡携带由 DNA 组成的基因。DNA 包含了生命体成长、行动和繁殖所需的指令。DNA是一个长长的、线状的分子，每段信息都储存在它的不同部分里，这些"部分"就是基因。下一章里你将更多

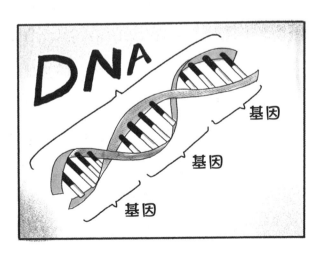

地了解这些聪明的基因。

我们认为卢卡有一层像皮肤一样的细胞膜（membrane），能让物质进进出出。它应该会**新陈代谢**（metabolism），就是吃东西并将食物转化为能量。卢卡从海水中吸收化学物质，将它们转化为食物，从而获得能量，这就是它的生活方式。所有生物都需要吃东西，我们认为卢卡是第一个这样做的。但记住：在卢卡的时代，没有其他活的生物，所以它吃的肯定不是我们今天见到的食物，只是一些在海底火山口四处漂浮的东西。没有三明治、咖喱、汉堡包或薯片。就只是……东西。

生物学规则手册

生物学里有个简单的规则：一切生物都是由细胞构成的。细胞是生命的基本单位，它们有许多不同的功能来维持我们的生命。但细胞太微小，只能通过显微镜来观察。细胞有不同的大小和形状，我们的身体由大约 60 万亿个细胞构成。（我得纠正一下，我身上有 40 万亿个细胞。**你**的细胞数可能比这个要少些，因为我猜你还没长大成人，可能有 20 万亿左右吧？确切数字我们也不知道，因为它们太小了，很难计数。）

生物学里的另一个规则是：新细胞必须从现有的细胞中产生。细胞不会从不是细胞的东西中生出来。每一个存在的子细胞都是从它的母细胞中分裂出来的。所以，你在公园摔伤了膝盖或

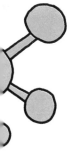

你的乳牙掉了，修补伤口的细胞是从另一个细胞中分裂而来的，另一个细胞又是从另一个细胞中分裂而来的。

这可能有点绕，但继续回溯，你就会想到妈妈体内的那颗卵子，卵子来自另一个细胞，这个细胞又来自另一个细胞，这个细胞又来自……如此反复。如果你这样回溯 4 亿年，你就能追溯到卢卡。这个规则只有一个例外，那就是卢卡本身。

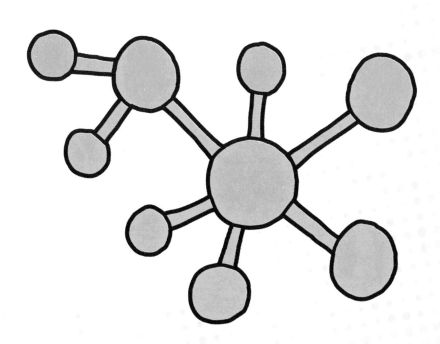

几十亿年来，从最早的微生物到如今丰富多样的生命形态，地球上的生命一直在进化和适应。但如果我们追溯到生命的开端，所有生命的原始祖先都是卢卡。

所以，对问题"你到底从哪儿来"的第一个回答就是：从一些困在海底滚烫岩石里的、黏糊糊的小细胞而来。抱歉了，小伙伴们。

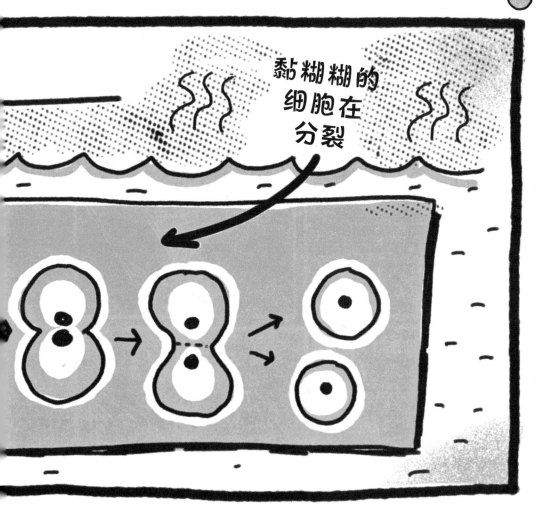

黏糊糊的
细胞在
分裂

23

火热登场！

"哈哈，我的毕生杰作终于完成了！世界上第一台时间机器！"

谁是聪明的小鸟？
谁是聪明的小鸟？

"波莉，我们要去哪儿？过去还是未来，随便我们探索！"

返回起点！

未来

过去

-45亿年

"波莉，等等！
不要啊！"

"真热！太热了！热死啦……"

第二章

适者生存，不适者亡

这仅仅是故事的开始。卢卡出现后，地球变得充满生机，海洋里到处都是生命。但那些生命都是小小的单细胞**生物**，比如细菌，还有和它们有点像又不太像的近亲：古生菌（archaea）。

虽然有些事情真的发生了，但还是相当无聊，是吧？

不过，就像小小的橡子能长成高大的橡树、彼得·帕克能变身成蜘蛛侠一样，那些微小的东西也能发生惊人的变化。大约20亿年前，细胞不再只是单个细胞，它们开始聚集在一起，形成细胞团，这就是第一个**多细胞生物**。数亿年后，这些细胞团变成了像扁平的圆盘一样的细胞片，可以漂浮在海面上。不过它们仍然需要吃东西——即使是细胞团也是会饿的。那么，我们是如何从一个薄饼进化成更像动物的生物的呢？

如果你像个饼那么薄，在海上漂来漂去，吃东西确实很不容易。你得靠运气，等食物自己漂过来。想象一下，如果你吃东西不是放进嘴里咽下去，而是躺在食物上面。（注意：吃饭时可千万别这样。要是你真的这么做了，千万别说是我教的。）如果你是个管状生物，那捕食就变得方便多了。

当你的形状变得像根管子时，你就有能力捉住食物并留住它。你还能从一头吃进食物，然后从另一头排出废物。说到底，生命在地球上进化的一个关键阶段就是：长出了嘴巴和屁股。

嘴巴和屁股真的太重要了！ 如今几乎所有动物都有这两个部位。但在那个时候，你还只是个漂浮的嘴巴和屁股，只能等着食物漂进你的嘴里。如果能移动，你就可以主动去找吃的东西，而不是等吃的来找你。因此，拥有蠕动能力或长出鳍就可以让你游动起来。此外，能够移动也意味着不容易被吃掉。

还有什么方法能帮我们寻找食物呢？闻味道怎么样？你走在街上，鼻子闻到薯条店里的香味，那就是鼻子在告诉你"好吃的在这里"！拥有感官有助于我们找食物。能看见你想吃的东西也很重要。所以大约 **5 亿年前**，某种未知的海洋生物进化出了视力。最初是某只小虫子头上的几个细胞能感应阳光。不久，这些细胞形成了一个小凹槽，能从不同方向检测到光线。这些感光细胞上面长出了透明细胞，形成了透镜，让光线聚集起来。几百万年后，海洋生物们都长出了眼睛。它们能看见食物，寻找食物，也能时刻注意那些想吃掉它们的捕食者。

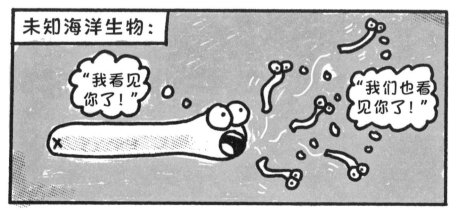

因为这些生物可以更容易地看到食物并逃避捕食者，所以它们能生出更多的孩子。这就是进化真正的意义：生下有最高生存概率的孩子，然后这些孩子再生孩子，如此反复，确保生命延续下去。

我们的感官——**视觉、听觉、嗅觉、味觉和触觉**，竟然起源于几亿年前某种在海洋中扭动的不知名虫状生物，真是令人难以置信啊！

我们是从化石中得到这些信息的。我们能看到 5 亿多年前死去的古生物的眼睛。通过对比它们的遗骸化石和现在的生物，判断出它们身体上哪些部位是用来移动的腿或鳍，哪些部位是用来感知的眼睛或触角，哪个部位是用来吃东西的嘴巴，哪个部位是用来排泄的屁股。

这些并不是我们现在手头上唯一的证据。过去几年里，我们对地球生命的认知发生了翻天覆地的变化，生命的故事已经被重新书写了。这要归功于我们每个人和每种生物都携带的一种特殊证据：神奇的 DNA 分子。不同类别的所有生命形式都有这个东西。那么，在我们继续探讨地球上的生命和你的故事之前，我们先稍微绕个弯来聊聊 DNA 吧。

DNA 的恶心故事

DNA 的全称是脱氧核糖核酸（深呼吸，跟我一起念：脱一氧一核一糖一核一酸）。我敢肯定，要是你能背出这个名字，别人肯定会觉得你很聪明。

DNA 是整个生物学中最重要的分子之一。它是一个编码，里面包含了制造一个生物体的所有指令。这个我们稍后再聊。首先，我想告诉你 DNA 的发现其实是个很"恶心"的故事。瑞士科学家弗里德里克·米舍（Friedrich Miescher）是第一个发现 DNA 的人。回到 19 世纪，米舍医生在一家德国医院工作。那时正逢战争，医院里满是伤得不轻的士兵，有的被子弹打中，有的在近身肉搏中被刺伤。那时的医生对感染知之甚少，也不知道如何保持伤口清洁，所以伤口经常感染、发臭和腐烂，真是令人既伤心又恶心。

米舍医生脑袋里冒出个想法，这个想法既天才又令人恶心：从沾满脓血的旧绷带上找出那些液体里面到底有什么东西。

经过几个月的细致研究，米舍医生分离出了一个只存在于细胞核里（也就是细胞中心）的分子，给它取名"核质"。他实际上找到的就是我们今天所说的 DNA，但那时的他并不知道这是什么，加上忙得不可开交，所以就把样本放在了一边，后来也没怎么看。直到 50 年后，**DNA 才真正被提纯出来。**

差点就发现DNA啦！

米舍医生，你在找什么？什么东西丢了吗？

我要找个绷带。

哎呀，你这可怜的家伙。别急，我这就去给你拿。

谢谢你，护士小姐。记得给我拿个沾满脓血的绷带！

故事并没有结束。到了 20 世纪 40 年代，人们开始对 DNA 在细胞核中的作用产生兴趣。有些科学家发现，你可以从一个细胞中提取 DNA 放到另一个细胞中，那第二个细胞就会呈现出第一个细胞的特性，好比你突然穿上了罗纳尔多的足球鞋，就能踢得和他一样好。从这里开始，人们逐渐认识到 DNA 是"告诉"细胞该怎么成形、怎么行动的关键成分。更重要的是，他们想知道细胞分裂时 DNA 是如何被复制的。

这成了科学史上最大的探索之一：探究 DNA 如何携带信息，并在细胞分裂时从一个细胞传递到另一个细胞上。到了 20 世纪 50 年代，许多科学家都差不多找到了答案，但真正解开这一谜题的是三个合作的科学家。罗莎琳德·富兰克林（Rosalind Franklin）用 X 射线为 DNA 拍了张特别的照片，这样我们就可以知道 DNA 的形态。弗朗西斯·克里克（Francis Crick）和詹姆斯·沃森（James Watson）得到了这张照片（富兰克林并不知情），他们由此确定了 DNA 实际上是一种双螺旋结构。

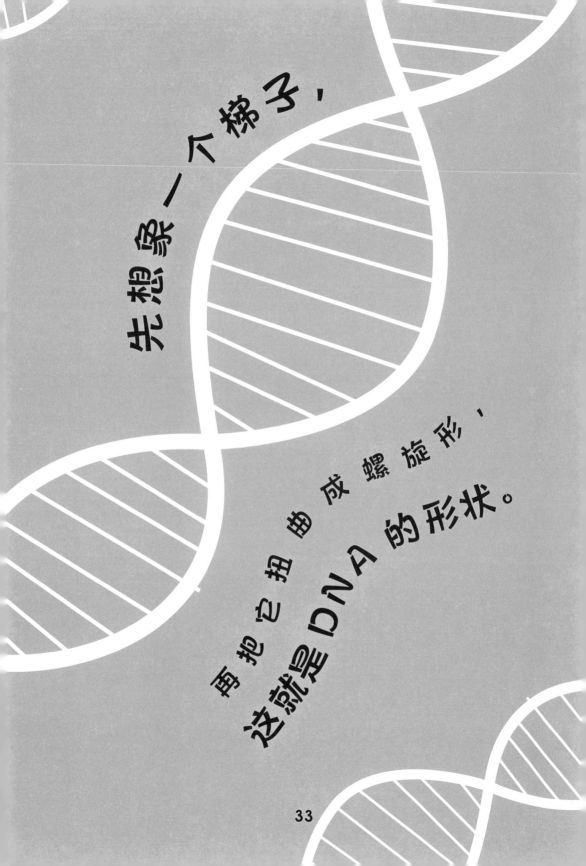

先想象一个梯子，

再把它扭曲成螺旋形，
这就是DNA的形状。

他们发现这种双螺旋结构正揭示了 DNA 的工作原理。可以这样理解：假设你画了一张自己的画像，将它剪成两半，然后把这两半交给其他人，他们就可以按照已知的一半补全另一半，重新制作出两张完整的画像，就好像你复制了自己的画像。

DNA 的工作方式也大致如此。所有信息都存储在"梯子"的每个横档上。每当一个细胞分裂时，双螺旋就分为两部分，两部分各自补充上缺失的一半，所以你最终得到了两段相同的 DNA，尽管之前只有一段。

能搞清楚这个的绝对是天才！1962 年克里克和沃森因此获

得了诺贝尔奖。遗憾的是，富兰克林那时已经过世，而且因为她是女性，沃森就歧视她，对她很不友善。但现在我们都知道了，正是她的聪明才智推动了我们对 DNA 自我复制方式的发现。

生命使用手册

　　在你的体内（以及所有其他动植物体内），你所有的 DNA 都被存储在细胞中央的一个小袋子里，它有点像校长的办公室，整个学校的运作都听从校长指挥。细胞核包含了制造一个 **"你"**

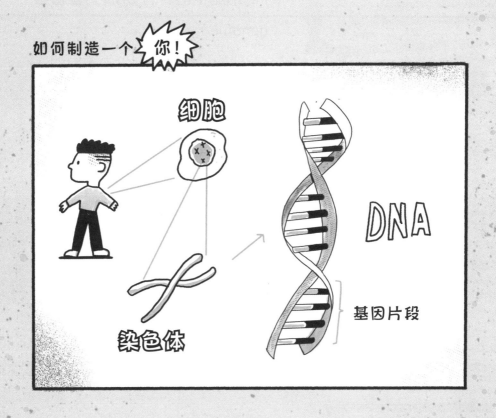

的所有指令。

DNA 携带了所有的生命信息，我们需要它来生存、生长和繁殖。你可以把它想象成一张细长的烹饪指南。想知道有多长吗？如果把你所有的 DNA 都打印出来，它会填满大约 2.1 万本和这本书大小相当的书。但因为它非常小，所以可以被打包放进你的细胞里。我们称你的细胞中的所有 DNA 为**基因组**（genome）。

你的基因组被划分为不同的区域，我们称之为染色体。你的**每个细胞里都有 46 条染色体，23 条来自你的妈妈，23 条来自你的爸爸**。在每条染色体上，都有我们称之为基因的重要信息片段。这些基因决定了你的各种特征，从眼睛颜色到身高，甚至决定了你的耳垢是黏黏的还是干干的。简单说，就是制造一个"你"的所有信息。这确实听起来很复杂，但也可以这样来理解：假设这本书就是你的基因组，每一章代表一条染色体，每个句子就是一个基因。为了理解整本书的意思，你需要读完所有的句子。

因为你从生物学意义上的妈妈那里得到了一半的基因，从生物学意义上的爸爸那里得到了另一半基因，所以你看起来可能更像他们，而不是像你从没见过的陌生人。你的基因是你父母基因的结合。你的父母从他们的父母那里得到了自己的基因。照此类推，一直追溯到地球上生命的起源。卢卡在 39 亿年前就有了基因，还将自己的基因传给了此后存在的每一个生物。

我们人类大概有 2 万个基因，数量其实并不算多：虽然比猫要多，但比香蕉、大米，甚至小小的水蚤要少！你身上的这些基因共同努力，**创造了像你这样拥有卓越智慧的生命体。**

改变生命的拼写错误

我们现在知道 DNA 是由父母传给孩子的，并且这种传递已经进行了数十亿年，我们可以一直追溯到地球上生命的起源和我们人类的诞生。卢卡有基因，你也有，但你可能已经注意到，你不是生活在火山岩中的单细胞生物。在生命起源后的数十亿年中，它不断进化，变得越来越复杂。

进化是**物种**（species）随时间变化的过程。这不是指一个生物在其生命周期中发生的改变，而是指一个物种的后代可能与其父母稍有不同，而他们的子孙后代可能又会有所不同。如果他们持续这样变化，那么经过数十或数百代，一个物种就会逐渐变为另一个物种。

如果这些变化使得后代更擅长捕猎，能够抵抗疾病，或者能够捕食他们生活地附近的不同食物，他们可能会存活得更久，繁衍更多的后代。这个过程我们称之为**适应**（adaptation）：物种已经适应了环境，经过大自然的选择，生存了下来，这个过程在大自然中缓慢而持续地进行，跨越了很多代。

许多科学名词都很难懂（比如脱氧核糖核酸）。有些听起来很有趣，像黑洞（顺便说一下，它们不是黑色的，也不是真正的洞）。有的名词就很直接清楚地表达了它们的含义，这就是为什么我们称地球上生命的变化为"**自然选择下的进化**"。

DNA 被复制并传递给一个新细胞时，复制过程并不总是完美的，偶尔会出现错误。假设你正在使用那张你对半剪开的自画像，但下一个来填补缺失部分的人不小心画了只耳朵上去。这样你就得到了一张一只耳朵的人的画像。接下来，你把画像对半剪开，传递给下一个人，拿到有耳朵的一半的那个人可能会想："哦，这边有一只耳朵，我也应该在另一边画一只耳朵。"

现在你有两只耳朵！你进化了！

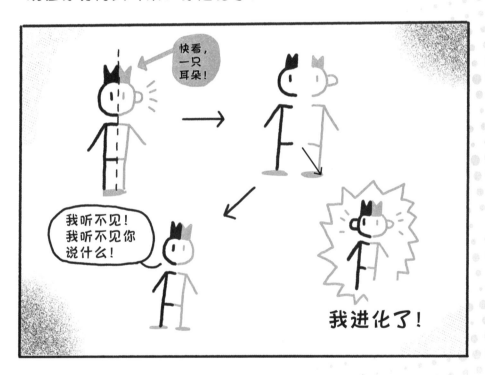

有时候，我们将这些 DNA 的随机复制错误看作拼写错误。拼写错误有时完全没有意义，但偶尔可能会把一个词变成另一个意思不同的词。

试一试：

我打算通过一次改变一个字的方式，用四步把"狐獴"变成"死猫"。

1. 狐獴

2. 鹿獴

3. 鹿猫

4. 比猫

5. 死猫

每一步都生成了真实的新词，但我已完全改变了狐獴的意思。

这就是生物进化背后的原理。从一代到下一代，DNA 因为拼写错误而发生变化。这些变化在数百万年中累积起来，生物就可以从一个物种变为另一个物种。这绝对比四步内把"狐獴"变成"死猫"**复杂得多**，但我相信你已经明白了其中的原理。

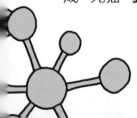

进化并不总是成功的……

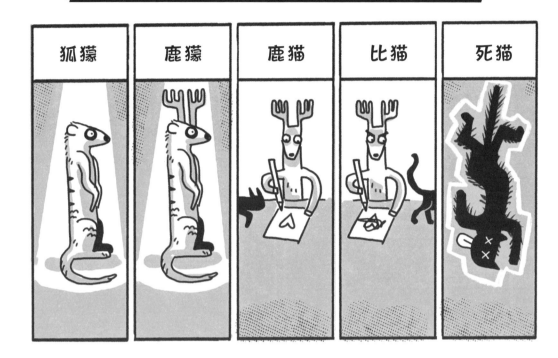

狐獴	鹿獴	鹿猫	比猫	死猫

每个细胞内的 DNA 有大约 **10 万本书的内容**。我们现在可以查看人与人的基因在哪些部分是相同的，在哪些部分是不同的。任意两个人之间的 DNA 差异非常微小，不到 1%，但我们的基因组非常庞大，大到足以编码你、我和其他人之间的差异。如今，我们可以仔细地观察我们和各种动物的 DNA，找出那些拼写错误发生的时间，看清一个生物是如何进化为另一个生物的。

顺便说一下，你和黑猩猩之间的 DNA **差异仅为 4%**，看起来确实不多。在我看来，你应该和黑猩猩很不一样。不过，你的爸爸妈妈可能有不同的看法。

进化实践现场！

我总感觉简的新男友有点不对劲……怪怪的……

我的新男友毛茸茸的。

听说她是在那个"进化约会"App（应用程序）上找到他的，匹配度居然有96%呢！

这也太不靠谱了吧！

第三章

从菊石到西风龙

你已经对 DNA 有了深入了解，那我们继续讲地球生命的故事吧。现在，我们要快速穿越这个历程。大约 4.5 亿年前，地球上有鱼类、虫类和有坚硬外壳的生物。但出于某些我们还不太清楚的原因，动物进化突然变得疯狂起来。突然间（也就经过了几百万年吧），大量新的物种出现，整个动物进化的大戏在海洋中拉开了序幕。再向前跳几千万年，爬行动物开始崭露头角。又过了大约 1 亿年，**恐龙出现了**。最后，在大约 300 万年前，人类终于登场。你准备好与这些有鳞片的、恐怖的、毛茸茸的生物见面了吗？

我们从 4.5 亿年前的海洋说起。我们拥有数以百万计的化石，可以展示当时海洋中的生物，包括许多**三叶虫**（trilobites）和**菊石**（ammonites）[1]。三叶虫是已知的地球最古老的生物之一，被称为**节肢动物**（arthropods），可以从它们分段的身体中看出它们和现在的昆虫、蜘蛛有些相似。菊石也是海洋生物，和三叶虫一样，现在已经灭绝了。现在它们最近的"亲戚"是章鱼和墨鱼，但这只能证明，只要时间够长，一种生物能进化为完全不同的另一种生物。在那个时期，也有水母和海胆，还有那种体形庞大、身披铠甲、拥有可怕的骨质面孔和强有力的颌的**邓氏鱼**

———————————
① 菊石（ammonites）：已经灭绝的古代海洋生物。

（dunkleosteus）。鱼从水中吸取溶解的氧气，不过（你可能已经注意到了）我们人类不是这样做的。我们通过呼吸，让胸腔充满空气，氧气在肺部深处进入细胞。在最初的几亿年里，所有动物都是在水下呼吸的，但在大约 3.5 亿年前，一些鱼类生物开始进化，它们可以直接吸取空气中的氧气，不再通过鳃从水中吸取氧气。有些鱼会在浅浅的岩石池中玩水，溅起水花，就像你在海滩上玩耍那样。

大多数鱼没有脖子，不过（你也可能注意到了）我们人类有脖子。有一种非常特别的动物进化出了脖子，它的脖子肌肉发达到可以将它大而扁平的头从水中抬起。它的鳍也足够强壮，使它能够摇摇晃晃地走上几步。这种动物成了首个踏上陆地的生物。我们称它为**提塔利克鱼**（tiktaalik），它的体形和一只腊肠犬差不多。这个小"腊肠"在地球生命的进化中走出了一大步。这一步是真的在陆地上走的。

46

爬行动物繁盛的时代

过去的几百万年里，地球上出现过太多种类的动物，多达数十亿种，所以我们要跳过一些不谈。一旦动物开始在陆地上生活并呼吸空气，它们就开始茁壮成长，进化出各种各样的外貌，最开始长得跟爬行动物很像，这些爬行动物会下蛋。有些动物吃其他动物（**食肉动物**：carnivores），有些动物吃植物（**食草动物**：herbivores），还有些动物吃其他爬行动物的蛋（**食蛋动物**：ovivores）。你能猜到"**食虫动物**（insectivores）"吃什么吗？没错，就是昆虫！

再快进一段时间，我们会遇到一些你非常熟悉的动物。大约再过1亿年，第一批**恐龙**进化出来了。

恐龙的种类有数千种，还有很多与它们同时代生活在陆地上的**史前**生物。像翼龙这样的飞行生物实际上是飞行的爬行动物，

还有像蛇颈龙这样会游泳的生物其实是海洋爬行动物。这些生物存在了 1.5 亿年左右，在这段时间里繁衍昌盛。

此外，其他巨大的变化也在发生。陆地的形态开始变化。在恐龙存在的时代，地球从一整块被海洋所环绕的巨大陆地分裂成多个分开的区域。我们称这个时期为**中生代**（Mesozoic）。中生代持续了相当长的时间，因此我们又把它分为三个主要阶段。

三叠纪（Triassic）：2.52 亿到 2.01 亿年前。三叠纪晚期，恐龙的体形与现今最大的哺乳动物差不多。这个时期诞生了我们所知的第一代恐龙和能飞的爬行动物。

侏罗纪（Jurassic）：2.01 亿到 1.45 亿年前。感谢电影，你应该觉得这个词听起来很耳熟吧！在这期间，恐龙进化成了真正的庞然大物。恐龙能长那么大，与它们所吃的食物和它们的骨骼结构有关。此外，当时大气中的氧气浓度更高，也让它们能够保持更大的体形。

白垩纪（Cretaceous）：1.45 亿到 6600 万年前。这是我们熟知和喜爱的恐龙黄金时代：霸王龙、棘龙、三角龙，还有像始祖鸟这样的鸟类恐龙出现了。但在 6600 万年前，一颗巨大的小行星撞击地球，导致很多动物灭绝，恐龙的黄金时代就结束了。

不过，仍然有一些鸟类存活了下来。也就是说，现在天上的飞鸟其实是恐龙的直系后代。

注意：电影《侏罗纪公园》中那些让人瞠目结舌的恐龙和海中巨兽几乎都不是来自侏罗纪的。实际上，它们大多数都是白垩纪的动物。因此，电影的名字叫《白垩纪公园》更合适。抱歉了，斯皮尔伯格！被我说中了吧！

《白垩纪公园》

剧 终

故事并没到此结束。这颗小行星还引发了海啸——一场**波及全球的巨浪**，而且爆炸产生的尘埃挡住了太阳，挡了数百年。恐龙时代终结了，整个生态系统崩溃了，地球上的生命再次经历了翻天覆地的变化。

这里有个重要事实：我们并不是恐龙的后代，虽然那样会很酷，但事实上，哺乳动物和恐龙在大约2亿年前就已经走上了两条不同的进化道路。可以这样理解：假设你的父母生了你和你哥两个孩子。你的哥哥有了孩子，你也有了孩子，这样孩子们就成了表亲。后来，你哥哥的孩子们也有了孩子，然后他们的孩子又有了孩子，代代相传，就这样过了

1000 年，他们的身体变得越来越多毛、越来越矮小，开始四肢着地行走。而你的后代在这 1000 年中基本维持着你的形态。这种情况下，你的后代与你哥哥的后代就会变成两个不同的物种。这些家伙有共同的祖先，也就是你和你哥哥的父母，但你和你哥哥的后代经过长时间进化，已经是两种完全不同的物种了。

小行星撞击地球的时候，哺乳动物和恐龙已经是共存的表亲关系了。不过，食肉恐龙可能吃掉了很多哺乳动物。

一开始，这些哺乳动物体形很小，有些看起来非常凶悍：它们是矮壮、满身毛发的野兽，有点像粗壮的水獭，但性格远不如水獭那么友好。（**食肉的哺乳动物可能也吃了很多小恐龙。这样一来，一切又变得公平了。**）

尽管小行星撞击了地球，但还是有很多动物幸存下来了。比如，鳄鱼活了下来，但恐龙没有。蛇颈龙灭绝了，但鲨鱼还在。我们真的不知道为什么。对我们这个故事来说，最关键的是哺乳动物幸存下来了。而现在，我们的故事正渐渐接近人类的起源，接近关于你的故事。

哺乳动物繁衍

这个时期已经有了许多不同种类的哺乳动物，有像老鼠一样的鼩鼱[①]，有小狗大小的生物，还有矮脚小马。在随后的数千万年中，哺乳动物不断增长，散布到全球各地。地球上生物的习性就是不断迁移到新的地方，这样就可以寻找更多食物，也可以避免成为其他动物的食物。有些哺乳动物飞上了天，变成了蝙蝠；还有些回到了水中，变成了鲸鱼和海豚。有些钻进了森林，有些爬上了树。

大约6500万年前，我们开始见到最早的**灵长目**（primates）动物。起初，它们有点像长尾狐猴，但没过多久（也就是几百万年后），它们就进化成更像猴子和长臂猿的样子。然后，在大约1000万年前，某些猴子进化成了**类人猿**（great apes）。而你，我亲爱的朋友，你就是这家族的一员：你就是一只类人猿。

和大猩猩、黑猩猩、红毛猩猩以及倭黑猩猩一样，人类也是类人猿的一种。这五种类人猿都是由同一个祖先进化而来的。1000万年前，可能不止五种类人猿，不过实际上我们也不确定所有类人猿的祖先是谁。我们只知道现今存活的类人猿就是这几种。

现在我们来了解更多关于你那些毛茸茸的猿类祖先的故事吧……

---

① 鼩鼱：哺乳动物。形状像老鼠，体小。毛栗褐色。吻部尖细，能伸缩。栖息于平原、沼泽、高山和建筑物中。捕食虫类，有时也吃植物种子和谷物。

有些类人猿继续留在树上，有些则开始在地面筑巢。所有这些类人猿的身体都发生了变化，这取决于它们的生活方式。还记得适应性吗？如果你有非常长而灵活的手臂，在树林中荡秋千就会更容易。如果你能四肢着地，拥有粗壮的指关节，能够在跑动时保持头部稳定，那么你在陆地上行走就会更轻松。有些类人猿进化到可以用后腿站立。站立的好处很多，你可以走过水坑，可以隔着灌木丛和草地张望，避开可能想要捕食你的饥饿的狮子，还可以用双手做很多事情，比如制作工具，抱孩子或者投掷长矛（或者一边走路一边挖鼻孔）。**大约 400 万年前，一些类人猿迈出了重要的一步……**

人类迈出的伟大一步……

人类进化历程中有许多重要的变革，但这回无疑是一次巨大的飞跃——我们的祖先进化成了**"双足生物"**，开始使用双足行走，也就是用两只脚来走路。当然，很多动物都能双足行走，比如狐獴、黑猩猩和大猩猩，但它们走不了很长时间。而我们是**"习惯性双足动物**（habitual bipeds）"，我们习惯于双足行走，也就是说，我们只用两只脚走路。我们的祖先在大约 400 万年前进化出了这种行走方式，自那以后就始终保持这种双足行走的移动方式。

如果我们仔细观察你的骨架，即使它被打乱了，我们也能挑出你的脚骨和腿骨，从中推测出你的身体结构以及你平常的移动方式。仅仅通过观察你脚的形状和腿的位置，我们就可以判断你是不是双足行走的动物。从古代人类的骨骼化石中，我们也可以看出这一点：他们的脚相比其他类人猿更扁平，他们的腿骨是直接从髋骨延伸下来的，他们的头骨是直立在身体上的，不像黑猩猩或大猩猩那样往前倾。

　　在非洲坦桑尼亚一个叫来托利（Laetoli）的地方，我们甚至发现了古人类和他们的孩子双足行走时留下的**脚印**化石。他们可能是在温暖、湿润的火山泥浆中行走，也许还像你和你的爸爸妈妈在沙滩上行走时那样手牵着手。这些脚印是在**300 多万年前形成的**，它们干燥后保持原状，所以保存至今，提供了很多关于我们祖先的重要线索。我们不确定是哪个物种在那柔软的泥浆中行走，但许多科学家认为他们可能是我们称为**阿法南方古猿**[①]的物种。

　　从那之后，我们的祖先类人猿就出现了。和现在的我们相比，它们大多数个子较矮、体形粗壮，体毛更为浓密。虽然和现在的我们很不一样，但它们确实是人类的一种。它们的头和大脑都比我们的小。当然了，我们很聪明，但与我们最近的亲戚相比，我们的大脑特别大。

---

① 阿法南方古猿（Australopithecus Afarensis）：一种已灭绝的南方古猿物种，生活在大约 390 万至 290 万年前的上新世时期的东非。

在接下来的几百万年里，全球各地出现了几种不同的人类物种。有一种人我们称为**直立人**（*Homo erectus*），还有印度尼西亚的一种小个子人种，我们称为**弗洛勒斯人**（*Homo floresiensis*）。他们身材矮小，脚特别大，所以有个昵称叫"霍比特人"。我们并不确定他们是否真的有像霍比特人那样毛茸茸的大脚，但我觉得假设他们的脚就是这样的也没关系。

欧洲地区出现了**尼安德特人**（*Homo neanderthalensis*）。他们的样子与我们非常相似，只是他们的头部更大，胸部也更宽。还有**丹尼索瓦人**

尼安德特人

丹尼索瓦人

（Denisovans），他们生活在现今的俄罗斯西伯利亚和东亚地区，我们也不太清楚他们的真实面貌，因为到目前为止我们只发现了很少的丹尼索瓦人化石。

大约 30 万年前，我们这个物种**智人**（*Homo sapiens*）在非洲分化出来了。已知最早的智人生活在大约 31.5 万年前的今北非摩洛哥地区。我们也在非洲其他地方，包括东非国家如埃塞俄比亚，发现了其他智人的骨头化石。尽管只有他们的化石，但如果我们对化石进行还原，就会发现他们的身体构造与今天的人类基本相同。如果你在公交车或公园里遇到这些人，只要稍微帮他们梳洗打扮、修剪头发，穿上现代衣物，他们看起来就和现代人没什么两样。

智人

不断前行！

自古以来，人类就一直在移动、旅行，探索新的土地。我们这个物种生活在非洲的时期，就已经在这块大陆上不断移动了，可能是为了跟随季节更迭或追踪迁徙的动物。大约在 8 万年前，有些智人开始从非洲迁移到亚洲和欧洲。这与我们今天理解的迁徙不同：现在我们为了工作、家庭团聚、逃避战争或迫害而移居他国。但他们只是在数百年的时间里慢慢地离开非洲。需要明确的是，科学家们称这种观点为"非洲起源"理论。

大部分人仍留在非洲，开始迁移的那部分人在进化过程中，外貌发生了一些变化。最明显的变化就是：10 万年前的非洲祖先的皮肤颜色可能比现今大多数的英国白人要深。但在某个时间点，浅色皮肤进化出来了。我们推测这是因为大部分欧洲地区的阳光并不像非洲那么强烈，而浅色皮肤在多云天气下更利于维生素 D 的合成。

这是一个典型的**局部适应**（local adaptation）例子。

局部适应是指当我们的祖先迁移到新的地方，面对不同的食物和天气时，身体为了更好地生存和适应新环境而逐渐发生的变化。

为了适应我们这颗星球上多样化的环境，人类经历了精准的适应性进化。你有没有注意到，《星球大战》以及其他科幻电影中的星球都只展现了单一的生态环境？有的是冰雪星球，有的是沙漠星球，有的是沼泽星球，还有的是海洋星球。然而，地球融合了所有这些生态环境，而且还不止于此。因此，人类在不同的地方进化，从而适应当地的环境条件。

人类的成功（至今我们还未灭绝）源于我们在地球上的流动和对各种环境的适应。设想一个早期人类，如果他是个出色的猎人，与那些总是空手而归的邻居相比，他更有机会填饱肚子。逻辑上讲，吃得好的人往往活得更久。活得更久意味着有更多机会生儿育女，进而传递他们的基因。但是，在亚洲草原上狩猎和在格陵兰海岸捕鱼完全是两码事。因此，在

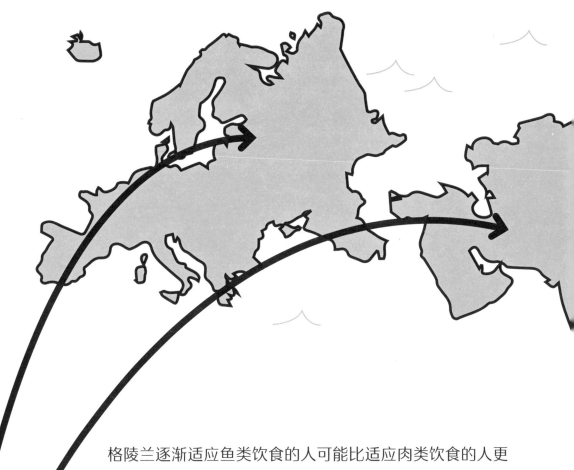

　　格陵兰逐渐适应鱼类饮食的人可能比适应肉类饮食的人更有生存优势。

　　如今，我们可以从某些化石中提取 DNA，获取数百年前死去的人类的大量信息。我们还可以分析研究那些地区现存人群的 DNA。我们可以判断他们是否最适合吃大量的鱼、肉或其他食物。还可以推测他们皮肤和眼睛的颜色。虽然不能百分之百确定，但根据目前对基因和皮肤颜色的了解，我们可以做出大致估测。

　　我们可以探究关于家族的有趣信息，还可以探究这些家族在迁移过程中遇见的同类。几年前，我们了解了一个令人震惊的事实：大约 4.5 万年前，智人来到欧洲时，他们遇到了已经在欧洲生活了几万年的尼安德特人。尼安德特人是一种已经灭绝的人。我们找到的最新的尼安德特人骨头大约是 3 万年前的。我们还没有找到比这更新的骨头，所以认为他们大约在那个时候就已经灭绝了。到目前为止，我们找到了大量尼安德特人化石，根据这些骨骼重建了他们的模样。他们的脸部特征非常显著——比我们的脸更粗犷，眉毛更浓，鼻子更宽。2010 年，科学家们成功地从 4 万年前死于德国某个洞穴内的一个尼安德特人的手臂骨中提取了 DNA。利用今天的基因技术，他们读取了 DNA，再将尼安德特人的 DNA 与现今人类的 DNA 对比后，发现几乎所有现今欧洲人的基因组中都含有尼安德特人的 DNA。

又该重新认识你的祖先了。**没错，尼安德特人也是我们的祖先！**他们是我们的亲戚，这种亲属关系已经存在大约 50 万年了。在很长一段时期里，智人和他们没有任何交集。不过当智人来到欧洲后，他们与尼安德特人相遇，组建了家庭，生育了后代。

现在我们知道，基本上所有浅肤色人种都带有尼安德特人的 DNA。我就有，我查过了，这约占我全部基因的 2%。**如果你肤色浅并来自欧洲，那么你的高祖父或高祖母（这样继续追溯下去，重复大约 1600 次）就是尼安德特人！**

智人抵达亚洲后遇到了丹尼索瓦人，发生了相似的情况。尽管只得到了很少的丹尼索瓦人化石，科学家们还是成功地从丹尼索瓦人的小指骨化石中提取出了基因组。我们将那段 DNA 与现代人类的 DNA 进行比较，发现东亚人的 DNA 中有丹尼索瓦人的 DNA。所以，**如果你或你的家人来自东亚，那么你的高祖父或高祖母（这样继续追溯下去，重复大约 1600 次）就是丹尼索瓦人！**

来自非洲的人（或者近代族人中有非洲祖先的人）有少量但可以检测出的尼安德特人的 DNA，通常没有丹尼索瓦人的 DNA，因为那个时期丹尼索瓦人没有居住在非洲。从那之后，世界各地的人们不断迁移、组建家庭，分享来自遥远的过去的我们的祖先。如果你觉得你的家族树（family tree）已经够复杂了，那么整个人类的家族树就是一个**完全、彻底、精彩**的大杂烩。

这一切意味着什么？

这一切意味着虽然我们每个人可能看起来各不相同，但我们仍然是同一物种：现存唯一的人类种族——智人。

我的小女儿现在八岁，她有一次问我：**"地球上第一个人是谁？"** 这真是个好问题，但很难回答。实际上并没有所谓的"第一个人"，只有散布在非洲的不同人类群体。他们逐渐变得更加接近我们现今的模样，越来越不像他们毛发浓密的祖先。家庭是混乱和复杂的，家庭成员们不断迁移，组建新的家庭，非常缓慢地进化。没准在未来，你会成为火星上的第一人，但地球上真的从未有过"第一个人"。**我们是慢慢进化来的**，不是突然出现的。

DNA 的变化导致了身体的生理变化。如果这些变化能帮助物种更好地生存，它们就会成为我们身体的一部分。随着时间的推移，我们可以看到进化是如何改变家族和物种的。

进化是一个漫长的过程，需要成千上万年。生物会因为寻找食物、追随温暖的气候或寻找避难所而迁徙。我们可能是目前仅存的人类物种，但在过去几十万年里，全球各地有许多不同类型的人，我们是从非洲大陆的各种早期人类中进化而来的。

然后，我们逐步迁移到了世界的各个角落。

在这棵巨大、繁茂、错综复杂的生命树上，你只是一个微小的分支。你可以追溯你的祖先，穿越我们的家族和物种，追溯到类人猿、猴子、毛茸茸的哺乳动物、爬行动物、摇摇晃晃的两栖动物、鱼类生物、有眼睛和鳍的浮游小生物，直到单细胞生物身上。由于所有的生命都在同一棵树上，都拥有同一类型的 DNA，都是进化的一部分，所以最终我们可以追溯到卢卡——你的祖先身上，她生活在大约 40 亿年前的海底。

我们从 A 字母代表的菊石（ammonites）开始，现在就以 **Z 代表的西风龙**（zephyrosaurus）[①] 结束吧！这种恐龙生活在 1 亿至 1.25 亿年前。这是特别为你挑选的！但愿你会喜欢。

---

① 西风龙（zephyrosaurus）：西风龙是种小型、敏捷的二足行走食草恐龙。

达尔文说得没错！

第四章

庞大扭曲的生命树

地球上的生命已经存在了近 40 亿年。 对这个漫长的时间而言，人类仅仅是短暂的一瞬。如果你将地球的整个历史压缩成一年，从 1 月 1 日开始算起，那么在 2 月之前，什么生命都没有。卢卡直到 2 月才出现。地球上的生命大致保持不变，直到 7 月，它们变得更加**复杂、明亮和多彩**。到了 9 月底，有了一些像蠕虫的生物。直到 11 月，陆地上才开始有植物，但最初也只是些小灌木——真正的大树直到 12 月初才出现。接下来有昆虫，几天后有鲨鱼。恐龙在 12 月中旬才出现，但在圣诞节第二天，一个小行星撞击地球，恐龙就灭绝了。到了 12 月 31 日早晨，地球上有了几种类人猿，但还没有人类的踪迹。我们这个物种在新年前夜的 11 点 20 分左右才出现。至于你呢，如果此刻是新年前夜的零点，你大概是在一秒钟之前才出生的。

我们要思考科学家是如何看待生命的。由于经历了 40 亿年的时光，现在地球上存在着数百万种不同的生物，这无疑给我们带来了挑战。对我这样的科学家来说，面对如此众多、都拥有同一类型 DNA 的动植物，我们需要给它们命名来识别它们。我们喜欢分类，因为分类可以帮助我们更好地理解**生物**（organisms）共有的特征。分类可以帮助我们了解生物之间是如何关联的，以及生命是如何逐渐发展成今天这样的。

我们试图给不同的生物分类，我们把它们叫作不同的**物种**。每个物种都是独特的，不过地球上的所有生命都在同一棵家族树上，关系密切的物种之间有许多相似之处。这些相似之处意味着我们可以将它们归为一组。今天的所有人类属于同一个物种。所有的猫也是一个物种。不过，虽然猫和老虎是"近亲"关系（人们喜欢称老虎为大猫），但从动物分类学的角度来看，老虎是豹属，猫是猫属，但它们都是猫科动物。

将事物归类叫作分类
(classification)。

想象你正坐在电视前，决定今晚看点什么。你可能想看新闻，或者综艺节目，或者电视剧，或者电影。所有节目都被分为不同的类别：儿童节目放在一个列表中，纪录片放在另一个列表中，成人剧也放在另一个列表中。在这些大类别中，还有小类别，比如根据图书、动画片或超级英雄电影改编的节目。电影还可以分为家庭片、恐怖片、科幻片、动作片、惊悚片、爱情片。经过所有这些分类后，你终于能找到你真正想看的节目或电影了！

在生物学中进行分类时，我们采用了与此类似的方法。为了理解这一点，我们将从上到下逐步深入讨论。

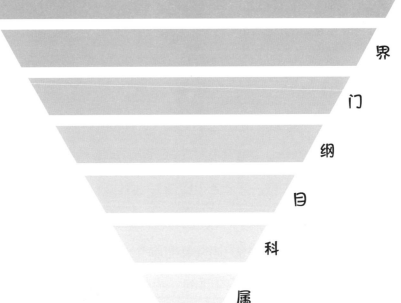

域

界

门

纲

目

科

属

种

最顶层称为"**域**"，其中只有三个类别。在生物学中，这三个域被称为细菌、古生菌和真核生物（eukaryotes）。细菌和古生菌是微小的单细胞生物，尽管肉眼不可见，但它们构成了地球上的大部分生命。事实上——你可能得为这个事实做好准备……

你身上和体内的细菌细胞比你的人体细胞还要多！

这是完全正常的，我们需要细菌来生存，所以不要觉得太恶心。细菌生活在我们的皮肤上，生活在我们的嘴巴和肚子里。它们对消化食物起到重要作用。许多细菌对维持我们的身体健康来说是必不可少的。你看不见它们，但你确实需要它们。说得直白点，你就像个移动的动物园！古生菌与细菌很像，都是微小的单细胞生物，它们大小差不多，但内部的组成有所不同，所以我们把它们归为两个不同的域。

第三个域是真核生物，对此最简单的理解是：除了细菌和古生菌之外的所有生物都是真核生物。

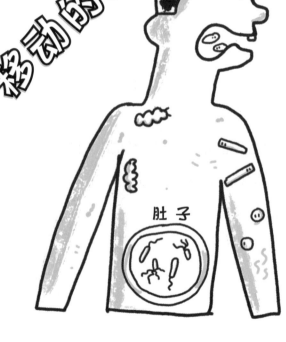

肚子

往下我们只讨论真核生物。域的下一层级被称为"**界**"。虽然不是每个人都接受这种分类方式，但我最喜欢的分类方式就是把真核生物分为五个界。其中一个是植物界，包括所有的树、蔬菜、盆栽和杂草。另一个是真菌界，包括蘑菇和长在树上的真菌，还有脚气这种恶心的东西，以及我们用来做面包和啤酒的酵母，还有很多其他生物。还有两个界叫作原生生物界（protista）和无核原生物界（monera），其中都是单细胞微观生物（只能在显微镜下看到）。在我们这个故事里，最重要的界是"动物界（animals）"。

所有能运动、需要吃东西和呼吸氧气的生物，都是动物。虽然我们还不确定地球上有多少不同种类的动物，但到目前为止，科学家们已经鉴定出超过 150 万种动物，而且每天都在发现新的种类。我们已知的大部分动物都是昆虫，**超过 100 万种**。不过，无论你是蓝鲸、黄蜂、章鱼，是狗、鳄鱼、鸭嘴兽，还是螃蟹、蜘蛛、蜘蛛猴、企鹅、仓鼠、人类，你们都属于同一个界——动物界。

你可能和大白鲨或者科摩多巨蜥并不那么像（至少我是这么希望的……），所以我们还需要继续对动物进行更精细的分类。下一级分类叫作"**门**"，主要是基于动物的身体结构来分类的，其中有节肢动物——具有分段的身体和有关节的四肢的动物，就像现在的昆虫或者几百万年前的三叶虫那样。软体动物——通常中间部分是柔软的，外面有硬壳，就像蜗牛或蛤蜊那样的动物。

章鱼也属于软体动物，这确实有点令人迷惑。

还有脊索动物（chordate），这是一种拥有中心脊柱的动物。鲨鱼、黑猩猩、雄鹰或蝙蝠都有脊柱。蜘蛛、章鱼和蛞蝓就没有。尽管这些都是动物，但对这个故事来说，我们更关注的是有脊柱的动物。

接下来是**"纲"**，我们属于哺乳纲。请记住，哺乳动物和恐龙大约在同一时期出现在地球上。大约 6600 万年前那颗巨大的小行星撞击地球后，哺乳动物幸存下来了，**我们也不知道为什么**。可能因为哺乳动物体形较小，可能因为它们的饮食多样化。也许哺乳动物能够繁衍生息，是因为吃掉了所有死去和垂死的恐龙。

哺乳动物类开始壮大，进化出我们今天所熟悉和喜欢的各种生物：猴子、狗、牛、狨猴、狐獴、大猩猩、鲸、海豚、蝙蝠、老鼠和水獭等等。这些动物被归类为哺乳动物是因为它们拥有许多共同特征。

哺乳动物是温血（warm-blooded）动物，也就是说我们可以自己产生热量来维持生命，我们不需要晒太阳来取暖（尽管晒太阳真的很舒服）。

哺乳动物都有毛发或皮毛。你可能会想："鲸鱼是哺乳动物，但它们没长毛。"事实上，刚出生的鲸鱼和海豚是有毛的，只是随着年龄的增长它们又脱落了这些毛。这些动物被归类为哺乳动物的最主要原因是：它们的母亲会用乳腺分泌的奶来哺育幼仔，

这也是"哺乳动物"这个名称的由来。

到目前为止，我们已经鉴定出大约 6000 种不同类型的哺乳动物。（其中约有 1000 种是不同类型的蝙蝠！）尽管人类看起来和蝙蝠或海豚有很大的不同，但我们也有很多共同之处。这些共同之处表明我们在生命树上有共同的祖先。

你的手骨与鲸鱼的鳍骨、马的腿骨或蝙蝠的翅膀的骨头几乎是完美对应的。不过，根据不同的活动，无论是游泳、奔跑、飞翔还是弹钢琴（或其他活动），这些骨头都已经进化出不同的伸展方式。

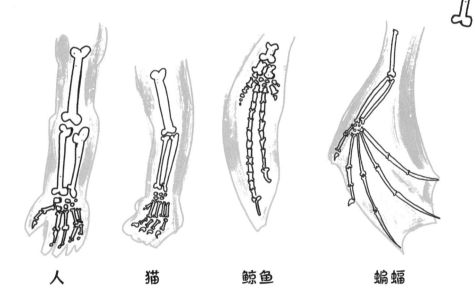

人　　　　猫　　　　鲸鱼　　　　蝙蝠

下一级是"**目**"。我们和所有的猴子、类人猿都属于灵长目。接下来是"**科**"。我们和大猩猩、黑猩猩、红毛猩猩、倭黑猩猩都是人科。虽然都是大型的，但区别足够明显，我们可以轻松地辨识它们。再下来是"**属**"，也许同"属"的动物被分开了很长时间，所以看起来非常不同，但大多都足够接近，可以交配生育，繁衍后代。我们是人属下的一个"**种**"：智人种。如今没有其他种类的人类，智人种是人属下的唯一现存物种。

你是什么类？

域：真核生物

界：动物界

门：脊索动物门

纲：哺乳动物纲

目：灵长目

科：人科

属：人属

种：智人种

这就是你所在的分类！

相同但又不同

　　如果科学家采用这一体系对动物进行分类，那么你可以看出，进行分类是有益的。你可能觉得这应该很简单，因为虽然有一百多万种的动物和数千种的哺乳动物，但只现存一种人类——**智人**。

　　现今所有的人类都是智人，但每个人都是不同的。即使同卵双胞胎也不完全相同（如果你班上有双胞胎，你一旦熟悉了他们，就能很容易地分辨他们）。我们的外貌、声音都不同，这取决于我们居住的地区，我们的喜好也不尽相同。

人们有许多方式描述自己，并将自己的身份归入各种类别中，这也是一种分类。根据所问的问题，你可能会回答你的：性别、学校班级、学年、居住的村子或城镇、所在的国家、加入的运动队、爱好或职业。我的小女儿是住在伦敦的一个四年级女生，她喜欢画画、跳舞和泰勒·斯威夫特。我的儿子是住在伦敦的一个十年级男生，他喜欢足球、橄榄球、电子游戏机和泰勒·斯威夫特。我的大女儿是住在伦敦的一个十二年级女生，她喜欢看电影、读书和泰勒·斯威夫特。

进行分类是为了简化事物，但人类是复杂的。因此，虽然分类很有帮助，但简单地把事物放入某个类别中，不一定能告诉你这个事物的全部信息。你可能觉得这与你无关，但这与我一开始问的那个问题有关，也就是这本书的书名：

你到底从哪儿来？

当有人问你这样的问题时，他们可能只是对你感兴趣或想表示友好。但在某些情况下，用某种特定的方式提出某些问题，特别是当你的肤色与大多数人看起来稍有不同时，那提问者可能是在暗示你实际上不可能来自你出生的地方（或你现在居住的地方）。根据你的外貌特征，人们可能会认为你一定来自"其他地方"，也许是"外国"的某个地方。

这时，分类法就变得不太有用了，反而使人变得狭隘和偏执。正如我们所发现的，关于**每个人**真正来自哪里的真实故事实际上更为有趣，它揭示了我们实际上有很多共同之处。

我保证，稍后我会再回到肤色和种族的话题上，因为这非常重要。只是现在最重要的问题是：为什么只剩下一个人类物种？我们是怎么走到今天这一步的？

我们是如何变成现在这样的?

　　我们要更深入地探索你、我以及大家的起源故事。对我来说,关于人类起源的知识是整个科学领域中最令人兴奋的知识。你可能喜欢行星、化石或恐龙(**谁不喜欢恐龙呢?**),但我对人的研究更感兴趣,人类学是我最喜欢的主题。这是一个关于人类的起源、我们如何在地球上迁移、途中我们遇见了谁以及如今地球上的约80亿人口如何形成的故事。这个故事中有很多未解之谜,因为我们仅仅进行了大约150年的科学研究。在此期间,科学家通过收集世界各地的骨骼化石,还有我们的祖先在数千年或数百万年前使用的工具(如石斧、长矛甚至木棍)来研究人类

的历史。我们一直在努力通过仔细研究这些古老的骨头来了解古人的生活方式、食物、狩猎的方式，以此来重塑我们的历史。

现在，我们不仅可以看到古老的骨头和工具，还可以通过DNA来确定一个物种是如何进化成另一个物种的，以及人类是如何变成今天这个样子的。有了从我们祖先那里获得的科学知识，还有他们遗留下来的DNA证据，我们可以准确地识别出是什么使我们成为人类，以及是什么使我们与众不同。

我们这个种族叫作**"智人（Homo sapiens）"**，大意是**"聪明的人类（clever humans）"**。听起来有点像炫耀，但考虑到我们是唯一能写书、发明电子游戏机和飞机的物种，这个名字还挺合适的。确实有其他的人类物种存在过，但他们没有发明出电子游戏机和飞机，而且我们是唯一幸存的人类物种。所以在下一章中，我们将从**史前的**我们跳到文字历史上的我们，深入探索发生的事，再去认识一些非常有名的人类祖先……

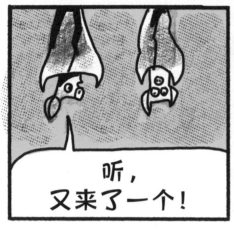

听，
又来了一个！

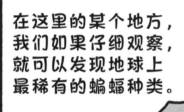

在这里的某个地方，我们如果仔细观察，就可以发现地球上最稀有的蝙蝠种类。

快过来，
这边！

看好了
……

扑通！

这家伙才不是什么"智人"，叫他"傻瓜"还差不多……

第五章

起立！君主驾到！

我们已经回顾了宇宙和地球的起源、生命的诞生、史前进化、灵长类动物、毛发浓密的古人，以及大约在30万年前我们出现在非洲的事实。**深呼吸**，去喝点水吧。关于你的起源故事我们已经讲了一半。前半部分是你的史前故事，现在我们要进入故事的第二部分：你的历史故事。

我们通常称文字发明之前的时代为史前时代，基本上，当我们开始记下事物时，历史就开始了，这开始于大约5000年前的中东。

实际上，最古老的一个完整句子出自古代迦南人（Canaanites）的语言。这句话刻在一把有近4000年历史的梳子上。信息简洁明了。

但你知道吗？实际上，我们不需要追溯那么久远的历史就

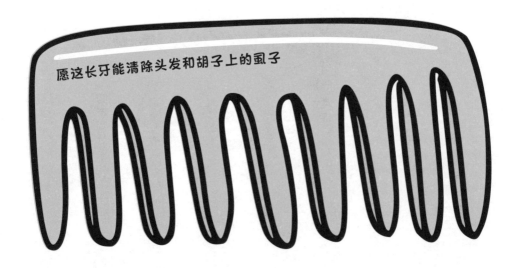

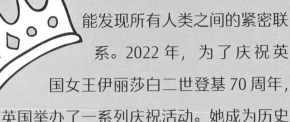

能发现所有人类之间的紧密联系。2022 年，为了庆祝英国女王伊丽莎白二世登基 70 周年，英国举办了一系列庆祝活动。她成为历史上在位时间第二长的皇室成员。法国的路易十四在王位上统治了 72 年，于 1715 年死于坏疽病（gangrene）。这是一种令人作呕的腐肉疾病，就是前文提到的导致士兵的绷带被腥臭的黏液、脓血浸湿的那种病。

我们都喜欢研究历史，学校里教的历史许多都与王室有关。例如，你可能知道维多利亚女王嫁给了她的表兄艾伯特；亨利八世有六个妻子，对她们都非常不好（与其中两人离婚，斩首了两人，一人自然死亡，还有一人倒活得比他久——亨利八世因为过度肥胖和其他健康问题去世，死的时候也是**臭烘烘**的）。你也可能听说过爱德华二世，他做了很多重要的事，但最被世人记住的却是 1327 年他的惨死：被烧红的铁棒捅入肛门而死（这很有可能是假的）。

我们对这些伟大的君主了解最多，因为他们是统治人民的那些人，这就是为什么他们出现在历史书中。因为他们是王室成员，所以我们对他们的了解尤为深入。我们并不了解历史上大多数普通人的生活，因为他们只是过着普通的生活，有家庭，有工作，尽力过活，但没有人为他们写书，也没有人给他们盖豪华的宫殿或给他们戴上王冠，更不会有人用烧红的铁棒杀害他们。

人们可能会恋爱、结婚、生儿育女、离婚。人们也可能去世或再婚，或与其他人生儿育女。家庭关系非常复杂，绝不像下面的家族树图片所显示的那么简单。实际上，我们的家族渊源往往更加混乱，家族树也并不是那么井井有条，与其说它像有树根、树干和树枝的"树"，不如说它像"蜘蛛网"。但"家族网"这个词听起来就没那么好听了对吧？你可能认为你的家庭平淡无奇。你

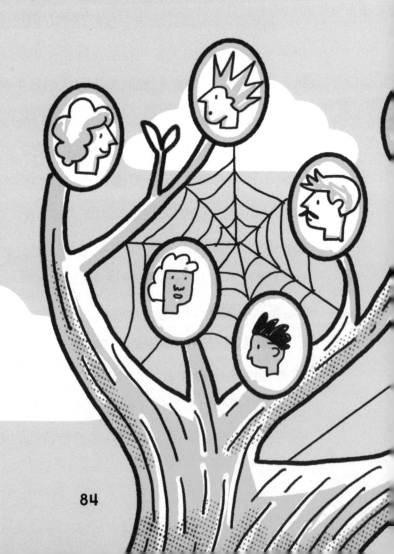

的妈妈不是知名足球运动员，你的爸爸不是网络红人，你的姐妹也不是王室公主……好吧，现在是时候重新认识你的祖先了。信不信由你，那些国王、皇后、皇帝和战士——他们就是你的**祖先**。

没错，尊贵的陛下（向您鞠躬），为了解释为什么您与王室有亲属关系，而且您也许是第 5723642 位王位继承人，我们需要探讨一些数学知识，我保证这会很有趣。

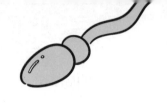

王室数学

这里的数学可能有点复杂，但你不用担心，最后不会有考试，只会有一个惊人的发现。每个人都应该鞠躬，戴上王冠，为自己是一个杰出的人而感到自豪。

好的，我们开始吧。一切都始于一个非常明显的事实：生活中的每个人都有父母。

无论你是否认识你的父母，是否和他们住在一起，每个人都是由两个人——一个女人和一个男人——生下的宝宝。从生物学本质上看，一个新生儿是男人的精子与女人的卵子结合的结果。

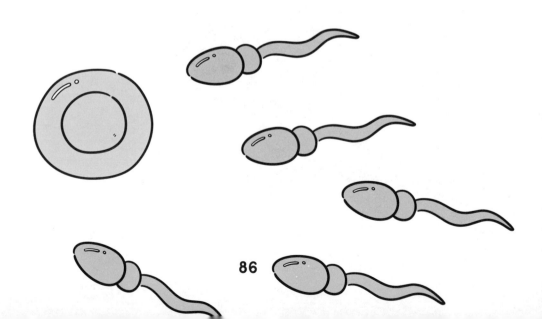

所以请你牢记这个关键点：每个人都必须有父母，就是"双亲"。这就意味着你的上一代有两个人。而你的父母也有他们的父母——你的姥姥姥爷、爷爷奶奶，这就意味着你有四位长辈（你可能认识其中几个，不过他们往往年纪较大）。以此类推，姥姥姥爷和爷爷奶奶的父母加起来有八位，这八位长辈也是你的祖先。

我们可以继续深入下去，但你的大脑可能会开始过热（绕昏头了吧）。我需要你的头脑在接下来的阅读中保持清醒。当科学家进行这些计算时，我们通常会假设大部分人在他们二十几岁时生育孩子（尽管有些人比这更早或更晚）。所以我们取平均年龄为二十五岁，这样计算会更简单。**这就表示每100年，一个家族中会有四代人，你在大约100年前就有十六位长辈。**

往前数十二代，会把我们带到 300 年前（12 × 25=300），也就是说 300 年前，你的祖先数量是：

$$2 \times 2 \times 2 \times 2 \times 2 \times 2 \times 2 \times 2 \times 2 \times 2 \times 2 \times 2 = 4096$$

这个数字真的很**大**！你有 4096 位祖先。要是他们每个人都在春节给你压岁钱那该多好啊！遗憾的是，他们已经去世好几百年了。

　　我们继续回到大约 1000 年前。那时发生了什么？那时英格兰的国王是一个叫作克努特的家伙。他因向众人证明，尽管他权力很大，但不能与大自然对抗，不能阻止潮水的涨落而闻名。那时的教皇是贝内迪克特八世，坎特伯雷的大主教是艾特尔诺特。这也是哈罗德·戈德温森出生的时期，他后来成了哈罗德国王，在 1066 年的黑斯廷斯战役（Battle of Hastings）中他被箭射中了眼睛。爱尔兰高王马埃尔·塞什奈尔二世去世了，瑞典国王奥洛夫·斯库特科农也去世了。波兰国王是个叫勇敢的博莱斯劳（Boleslaw the Brave）的人，这名字的拼写与卷心菜（coleslaw）几乎完全一样。在北非，十四岁的穆伊兹·伊本·巴迪斯接管了政府，在伊夫里奇亚（也就是今天的突尼斯）当上了国王。

　　所以，大约 1000 年前，欧洲和世界其他地方都发生了很多事情。我们再来算一下你祖先的数量。

1000 年等于四十代人。

这就是说，你的祖先数量是 2 × 2 × 2……

2×2×2×2×2×2×2×2×2×2×2×2×2×2×2×2×
2×2×2×2×2×2×2×2×2×2×2×2×2×2×2×2×
2×2×2×2×2×2×2

结果是……

等一下……

1099511627776

我们把这个数字读出来。这就是说，大约 1000 年前，你有一万零九百九十五亿一千一百六十二万七千七百七十六个祖先。

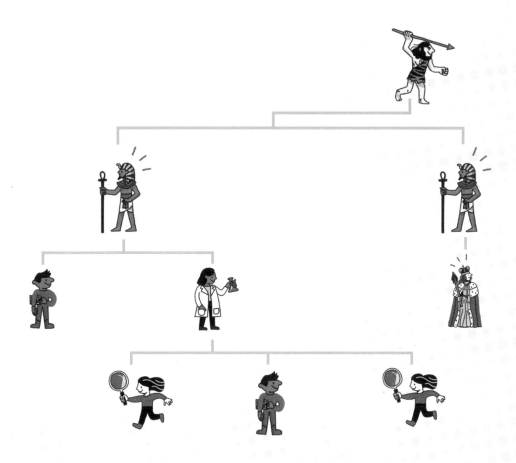

我第一次做这个计算的时候心想："等等，这不对劲。"为什么呢？因为我们估算过所有的智人，即过去50万年里**曾在地球上生活的人数**，总数只有大约1080亿。**这个数字是你1000年前祖先数量的十分之一。**

咦……这到底是怎么回事？

实际上，这里面有个细节，那就是在你的家族树里有**1099511627776**个祖先的**"位置"**，但这不同于实际的人数。一个祖先在家族树中可以占据多个位置。

真实的家族树可能看起来像一团乱麻。也许你的六世祖生了几个孩子，这些孩子又生了孩子，再后来他们的孩子又生了孩子，其中一些孩子现在可能是你的四代堂兄弟姐妹——基本上跟陌生人没啥两样，关系也很远。但如果其中一个是男孩，另一个是女孩，他们又生了个孩子，那这个孩子的六世祖就是他们的六世祖，出现了两次！这种情况其实挺常见的。

家族树在你追溯历史时并不总是一直扩展开来的。实际上，经过几代人后，它们开始萎缩。各条分支线路开始互相碰撞，也就是说有些人在你的家族树上出现了好几次。现在你明白我为什么之前得出那个天文数字了吗？

越往前追溯历史，家族树的分支就越会发生碰撞。你的某个祖先可能多次成为你的八世祖。继续追溯历史，一件疯狂的事情发生了：

所有人的家族树线路开始相互碰撞，彼此交叉，混在一起。

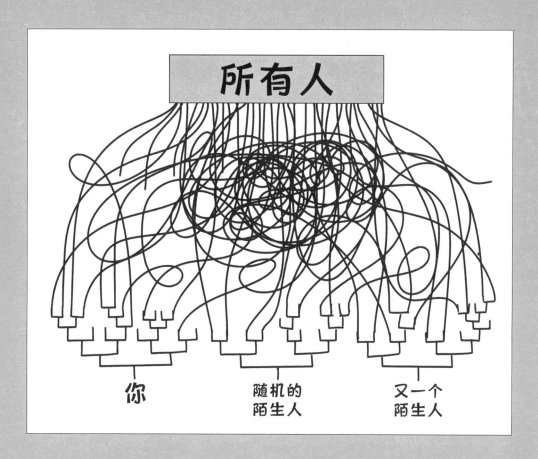

现在，你可能需要深呼吸一下再继续读下去，因为接下来的数学计算真的很疯狂。当我们计算家族树的实际深度时，我们发现有一个时期，你的家族树上的每一条线都与所有人**相交**。因为我们家族树上的所有分支在某个时刻都会交叉，这意味着那个时期的人们不仅仅是你的祖先，而是每个人的祖先。

我们称之为**"相同祖先点（identical ancestors point）"**。这意味着那个时期的每个人（今天还有后代的人），都是今天所有活着的人的祖先。

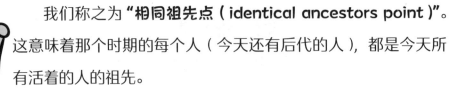

稍微思考一下这个观点。在"相同祖先点"那个时期活着并且今天仍然有后代的每个人，其实都是今天所有活着的人的祖先。要计算出"相同祖先点"是什么时候，需要更加复杂的数学运算，幸好这页没有详细列出来。（真是太好了！）科学家们为整个欧洲做了这个计算，他们发现出现"相同祖先点"的时间是：1000 年前。

还记得我们之前说过，因为每个人都有父母，所以在 1000 年前，你家族树上的位置超过了 1 万亿个吗？但那个时候，欧洲只有几百万人。这就意味着那超过 1 万亿个的位置都必须由当时实际活着的人来填充。也就是说，在那个历史时期，每个**活着的人**都出现在了每个人的家族树上。

如果 1000 年前你生活在欧洲，并且今天还有后代在世，那就意味着……

你是现在所有欧洲人的祖先。

还记得那个时期有哪些重要人物活着吗？克努特、哈罗德、马埃尔·塞什奈尔二世、奥洛夫·斯库特科农、勇敢的博莱斯劳，他们都是公元 1022 年的国王。但要确定你是不是这些古人的后代，我们需要知道他们今天是不是还有活着的后代。不过，由于书面资料有些模糊不清，我们并不太确定。但没关系，让我们再回到几百年前，我来给你介绍一下查理曼大帝。

查理曼大约出生于公元 742 年。他名字的意思是"伟大的查理"。他的父亲是法兰克国王"矮子丕平"（顺便说一下，丕平其实并不矮，我们也不太清楚为什么他有这样的绰号）。法国的国名就源于法兰克人。他们是从北欧迁移到法国的日耳曼部落，那时的法国叫作高卢。

后来查理曼成为中世纪的伟大领导者之一。他继承了父亲的王位，成为法兰克国王。公元 774 年，他又成了伦巴第的国王（这个地区大约占现在意大利北部的一半）。公元 800 年，他成了第一个神圣罗马帝国皇帝，基本上是欧洲大部分地区的最高统治者。查理曼生下了至少**十八个子女**。

很多人喜欢研究自己的家族树，找出与自己有关系的人。查理曼作为帝王，我们对他的家族树了解得很清楚，现在很多人都确定他是他们的第四十代祖先。荷兰有个家族将他们的家族树一直追溯到了查理曼身上。演员克里斯托弗·李（他在《星球大战》中饰演杜库伯爵，在《指环王》中饰演萨鲁曼）也在他的家族树里找到了查理曼。但查理曼生活的那个时代比"相同祖先点"还要早。也就是说——查理曼也可能是你的第四十代祖先！

你可能无法在家族树上清晰地证明这种关系，因为从查理曼到你中间有太多断层。不过这绝对是千真万确的，因为从数学角度看，这是必然的事实。如果查理曼有活着的后代，并且他生活在"相同祖先点"之前，那么他就是**所有欧洲人的祖先**。这也意味着，如果你的祖先来自欧洲——

你就是查理曼的后代。

这种计算只适用于欧洲，但相似的情况全球各地都存在，只是我们还没有进行详细研究。如果你有东亚血统，那你的**家族树上几乎可以确定有"成吉思汗"的存在**。成吉思汗于公元 1162 年出生在蒙古北部，他是一个声名远扬的征服者。他杀害了数以千计的人，生育了一百多个孩子。我们相当确定他今天还有在世的后代，这就意味着他几乎是现今所有东亚人的祖先，正如查理曼是现今所有欧洲人的祖先一样。

这个观点真的让我的大脑乱了套。我们感觉这似乎不可能是真的，但非常确信这必然是真的，因为科学总是基于我们的准确推算，而不是基于我们的感觉。

从数学的角度看，你绝对、完完全全、百分之百是"王室"的后代。

这也表示你是"相同祖先点"之前所有人的后代（只要他们现在还有活着的后代）。我们再来了解一些更遥远的祖先怎么样？在那个时代，维京人从丹麦和挪威启航，对英国、法国和整个欧洲的沿海地区进行掠夺。有些维京人在法国定居下来。公元1066年，法国诺曼底公爵威廉远征英格兰，成为英国国王。

也就是说，如果你的祖先是欧洲人……

嗯，没错，我听到你在嘀咕什么……

你的祖先也是维京人。

他们还可能是盎格鲁-撒克逊人、罗马人、凯尔特人，或是那些勇猛的战士。你的祖先也可能是那些部落中的普通人：农民、陶艺师、制衣和制鞋工、厨子、首领、公主、女巫——基本上，是谁都有可能。这种计算主要是针对那些有欧洲祖先的人。

今天英国的许多人是从世界各地移民过来的，所以他们的家族树中数百年前可能没有欧洲人。不过，不用担心，这其实并不会带来太大的区别。

我们计算了**全球的"相同祖先点"**，得出的结果是……**大约5000年前**。

那时的世界和现在截然不同。也许你在学校里学过那个时代的一些知识。石器时代已经结束，人们开始用青铜制作工具和武器，这就是青铜时代。写作和字母也被发明出来，我们开始有能力记录历史。这就意味着，只要他们今天还有活着的后代，今天的每一个地球人都是金字塔建设时代的人们的后代。不论你的父母、祖父母或曾祖父母来自南美、澳大利亚、俄罗斯、中国还是非洲，你们的家族树中都有国王、王后、皇帝和战士的存在。

我们所有人都是
王室的后代。

我有点"土豆"血统！

第六章

我的肤色

所有人类都属于同一个物种，而我们这个物种起源于非洲。我们还发现，如今活着的所有人类之间有着异常亲近的关系。我们走遍了世界各地，安家落户，生儿育女。回溯几千年前的历史，我们其实都是王室的后代（当然，也是王室之外的其他人的后代）。

我们已经探讨过我们的相似之处，我们为什么拥有相同的祖先，为什么属于同一个物种。但同样重要的是，我们必须意识到一个非常明显的事实：**每个人都独一无二！**

我们当然不能说每个人都是一模一样的，因为这显然不是事实。我们的长相、行为和喜好都各不相同。你可能擅长数学、艺术、历史、足球或舞蹈。你也许偏爱面条、汉堡包、咖喱或意大利面。

研究人类的科学家（**人类学家**，anthropologists）喜欢研究人们为什么会有差异，为什么有不同的喜好。其中一些差异是生物性的，表示我们有不同的基因。有些差异是社会、文化性的，就是我们在日常生活中从家人、朋友和社会那里学到的，比如我们的打扮、爱好、观点等等。我们的很多特点其实是先天和后天结合的结果：或许你的基因让你在数学或跑步上有先天优势，但要真正成为数学或跑步高手，你还需要

付出努力和时间去练习和提高。这就像
有一块肥沃的土地之后，你还得播下种子并精心照料，
这样才会有美好的收获。

　　你有没有发现我们在某些方面真的很不一样？比如我们的肤色，头发的质地，我们说的语言，我们、我们的父母或祖父母出生的地方。这些差异有时会让我们觉得自己和别人很不同，尤其是当别人因为这些不同来侮辱我们，嘲笑我们的时候。

　　我们是由基因、环境和文化三者综合塑造的动物。为了更好地理解这点，我们可以看看历史如何影响了我们的身体差异，文化又如何塑造了我们的行为。

　　在前几章里，我们已经聊过人类的久远历史和近几千年里我们的家族关系了。我们也说过，我们知道的很多历史是通过统治者（如国王、女王和皇帝）传递下来的，他们在塑造我们的文化方面起了很大的作用。

　　历史上总有人掌握着比别人更多的权力。有的统治者公正无私，关心受他统治的臣民；也有些统治者残暴得像怪兽，发动战争，以暴力和残忍的手段来实行统治。在过去的几千年里，特别是最近的几百年里，我们越来越多地走出国门，遇见了与我们有很大差异的人，有时是为了探险和贸易，有时则是为了战斗和征服。

我们讲述的故事

　　有些人就是喜欢统治别人。也许他们想要别人的财富，想要控制其他人，想要传播自己的信仰。历史上，资源的分配一直是不平等的——有的人在别人还很贫穷时变得很富有；有的人有更多的商品可以买卖；有的人直接抢走别人的东西，采用暴力手段夺取别人的土地。

　　比如说，探险家克里斯托弗·哥伦布"发现"了美洲。**但实际上，早已有数百万的土著人生活在那里。他们并不需要别人来"发现"他们的家园，告诉他们自己住在哪里。**哥伦布虽然发现了美洲，但我们也不能忘记他在试图统治新发现的土地时的残暴行径，他曾经割下土著人的手，再挂在他们的脖子上，用这种残

忍的方式警告别人不要违抗他，他真是一个极端的恶魔。

历史上总是存在对他人极端残忍的人。很多时候，当人们征服其他国家时，他们会为自己的行为找各种借口，认为自己比别人更好。他们可能觉得自己更聪明，更有教养，拥有更先进的技术或者拥有正确的宗教信仰。

世界各地的人存在许多差异，有的是基因决定的，有的是文化和生活经历决定的。其中最明显的差异，也是我们第一眼就能看到的差异，就是皮肤**色素沉着**（pigmentation）导致的皮肤颜色差异。

颜色编码

当初次遇到某人时，我们可能首先会注意到他们的皮肤颜色。几百年来，皮肤颜色一直被用作对人进行等级划分的标准，这让一些掌权者坚信他们因此比其他人更高贵、更优秀。

几个世纪以来，皮肤颜色一直是种族的标志，也是种族主义的基础。我们将探讨**这是怎么发生的以及这意味着什么。**

作为一种生物，我们依赖所有的感官，尤其是视觉。对我们来说，分辨两只拉布拉多犬可能会有点难度。对拉布拉多犬来说，它们也很难分辨两个人，但它们可能更倾向于通过气味来分辨。**我们不会像狗那样初次见面就去嗅别人的屁股。我们更不会**去舔舔别人尝尝他们的味道（那真的很奇怪，千万别那么做）。

认识你

① 库利奇（1844—1934），全名卡修斯·马塞勒斯·库利奇（Cassius Marcellus Coolidge），美国油画艺术家。他最著名的作品是一系列插画，被称为"狗玩扑克"。这些插画画的是一些狗狗在玩扑克，它们举止优雅，表情生动。
② 我逗你玩的，库利奇没有画《认识你》。

蝙蝠依赖它们的听力。它们使用**回声定位**（echolocation）功能来发出声音，非常仔细地听声音在哪里反弹。我们人类不一样，我们是通过视觉来快速识别一个人与另一个人之间

我在哪儿啊？

的身体差异和文化差异的。而最直观的差异就是肤色。当然，你也会注意到他们的发型、身高以及他们是男是女，但肤色是你首先会注意到的，因为皮肤覆盖的身体面积最大。我们的视觉作用原理是看到三种主要颜色（红色、蓝色和绿色），大脑会将这些颜色进行混合，所以我们实际上看到了许多不同的颜色。

说到人们的肤色，我们常用的词汇实在匮乏。我们总说人是黑色、白色或者棕色的。但看看你班里的同学，有谁的皮肤真的像白纸一样白？有谁的皮肤真的像达斯·维达的头盔一样黑？当然没有。用简单的"黑白"来描述肤色并不准确。

实际上，人类存在**上百万种肤色**。肤色在你的一生中会发生变化，不同身体部位的颜色也会不同（例如，你的手掌、脚底、脸部、手臂的皮肤颜色就是不同的）。如果你经常晒太阳的话，皮肤颜色也会变深。如今非洲有超过 10 亿的人口，英国也有几百万人有非洲或加勒比血统。你认为他们的肤色都是一样的

吗？当然不是，但我们还是习惯性地称他们为"黑人"。这是为什么呢？

说到眼睛颜色，我们常用的描述也很简单：棕色、淡褐色、绿色、蓝色。但如果仔细看，**你会发现眼睛的颜色也是多种多样的**。从最浅的蓝到最深的棕，中间还有无数种颜色，真是五光十色。有些人的眼睛里有不同颜色的斑点，或者某部分的颜色与其他部分完全不同。

虹膜异色症（Heterochromia）

你的眼睛颜色很大程度上是由从父母那里遗传来的基因决定的，这个遗传过程实际上相当复杂。在某些特殊情况下，有些人一只眼睛中的某组颜色基因是活跃的，而另一只眼睛中的另一组颜色基因是活跃的，这导致他们的两只眼睛有不同的颜色！这种情况被称为虹膜异色症。某些狗狗，比如哈士奇犬，也会表现出这种特质。

我们已经讨论了颜色的复杂性和多样性（无论是眼睛还是皮肤的颜色），以及为什么"白人"的皮肤不是真的白色、"黑人"的皮肤也不是真的黑色。你可能会纳闷：那我们为什么还要这样描述皮肤颜色呢？

要解答这个疑问，我们需要研究一下历史。这其实与科学史有关，而科学史又与种族主义史紧密相连。还记得我们在前面章节里谈到的分类学吗？这一点在这里变得尤为重要，我们需要再次回顾一下，因为这可以解释种族主义背后的政治因素和更深层次的原因。

这就是你的分类！

现代科学就使用这种分类系统。这种命名和分类方法被称为"**分类学**（taxonomy）"，是在18世纪由瑞典学者卡尔·林奈发明的。他的目标是对所有的生物（包括植物、动物和我们人类）进行分类，以便我们能够更好地对它们进行研究、命名，搞清楚它们所属的家族。林奈意识到世界各地的人在外观上都是不同的，因此他加入了一个新的分类以便更好地区分他们。

域：真核生物

界：动物界

门：脊索动物门

纲：哺乳动物纲

目：灵长目

科：人科

属：人属

种：智人种

后来，有些科学家尝试为大猩猩的亚种命名，他们把其中一组大猩猩命名为**"猩猩属猩猩种猩猩亚种（gorilla gorilla gorilla）"**。这种命名方式听起来很可笑。我再次为此感到抱歉，但事实就是如此。我还能说什么呢？

林奈研究这些事的时代，欧洲探险家们正在积极地探索世界，他们占领了非洲、亚洲和美洲许多国家。欧洲人通过殖民其他国家建立了帝国，在许多情况下，他们奴役或屠杀了那些原本生活在那里的人民，也就是**土著或原住民**。

林奈（还有那个时代的许多人）观察了来自世界各地的人，根据他们的外貌将他们分类。他们首先采用的分类标准就是皮肤颜色。他发明了人的四种类别：

（1）"黑色"皮肤的非洲人

（2）"黄色"皮肤的亚洲人

（3）"红色"皮肤的美洲土著

（4）"白色"皮肤的欧洲人

　　基于当时人们所知的四大洲——欧洲、美洲、亚洲和非洲，他将人类分为四种。当然，现在我们知道世界有七大洲。

　　这已经是很久以前的事了，但不知怎么回事，这些分类标签我们现在还在使用，尽管我们可以看出它们真的很荒谬，也没什么实际用处。美洲土著（欧洲人到来并接管美洲之前居住在那里的原住民）的皮肤并不是红色的，就像东亚人的皮肤也不是黄色的那样。与大部分欧洲人相比，非洲人的皮肤颜色要深一些，但非洲如今人口超过 10 亿，全球还有数以百万计的人的近亲来自非洲，这些人的皮肤颜色存在巨大差异，很难简单地归为"黑色"。尽管如此，这些简化的标签还是成了几个世纪以来对人类进行分类的参考依据。

遗憾的是，这些分类并不仅仅基于身体特征，林奈（和其他一些哲学家、思想家、政治家和科学家）还增加了其他行为特征，声称这是为了对人类的行为进行更合理的分类。

现在，请你深吸一口气，因为他们的言论充满了种族主义色彩。这些言论产生于一个许多人都觉得种族主义无所谓的时代。

林奈和当时的许多科学家，不仅对不同种族的人进行了分类，还对不同人种进行了排序，也就是说，他们按照最好到最差的顺序对人种进行了等级划分。白种欧洲人被认为是最好的，其他所有人种则被认为是次等的。

按照林奈的说法，非洲人很懒惰，亚洲人很贪婪，美洲土著很固执，而欧洲人很聪明，勤劳守法。我们都知道，这种说法是非常荒谬和冒犯的。但在那个时代，人们确实相信了这种说法。

林奈并不是唯一试图对人种进行分类的人。所有这些分类都有一个共同点：都是由欧洲的男性白人提出的。他们认为欧洲白人是最好的，这是不争的事实。这就是"科学种族主义"：声称这些说法是被"科学"证明的事实。

但实际上，这些说法既不是科学，也不是事实，它过去是、现在依然是赤裸裸的种族歧视。

现在如果有人说出这些可怕的话，他们肯定会惹上大麻烦，因为这些话从科学上看就是错误的，也是带有种族偏见和残忍性的。今天我们在谈论像林奈这样的人时必须格外小心。他在科学史上占有重要地位，做出了许多杰出贡献，为今天的科学研究奠定了基础。

但我们也不能忘记他所处的那个时代是个种族偏见盛行的时代。当时欧洲的大多数人确实相信白人优于其他所有人。18世纪初的科学家认为皮肤颜色能告诉我们一个人的行为习性——他们是诚实的还是谎话连篇的，是勤劳的还是懒惰的。当时的人甚至可以通过观察某一族群的外貌特征来全面判断这一族群中人的性格和能力。他们根据肤色来对人排序，利用这种排序来证明他们统治其他国家并在许多情况下奴役他国人民是合理和正义的。

在今天的我们看来，这些过去被广泛认同的"事实"是难以置信的。可悲的是，像"白人"和"黑人"这样的称谓直到现在还有人用。而"黄种人"这个词，在20世纪一直带有种族歧视的色彩，好在现在大家很少再提及它了。但是"红皮肤"和"红印第安人"这些词不久前还被用来称呼美洲的土著居民。2020年7月，华盛顿的橄榄球队在经受多年压力之后，终于放弃了使用87年之久的"红皮"一名。这一名称对美洲土著居民有种族歧视的意味。

回顾历史，我们可以看到，今天我们对种族的讨论方式很大程度上还受到了那个种族偏见盛行的时代的影响。我们今天仍在使用的某些称呼，很多源于几百年前人们对皮肤颜色的荒唐描述，那样的分类方式真的非常糟糕。

林奈根本不懂！

第七章

皮肤颜色的真相
是什么?

很明显，人们的肤色各不相同，历史上也有很多关于这个的记载。古希腊的一些文字中会提及朋友和敌人的肤色。甚至非洲国家埃塞俄比亚的国名也来自希腊语，意思是"黑色的脸庞"。

从古埃及建筑的壁画中，我们可以看到许多不同肤色的人。可能因为我们博物馆中保留了很多白色大理石雕塑，你会认为古罗马和古希腊人的皮肤很白。**实际上**，科学家在这些雕像的缝隙中发现了色彩鲜艳的颜料痕迹。古典历史学家也认为这些雕塑曾经被涂上了各种鲜艳的颜色。只不过，在长达数千年的时间里，颜料被**冲**刷掉了，只剩下颜料底下的白色大理石体。

现在我们可以研究与皮肤色素有关的基因。我们已经知道，白皮肤是人类离开阳光最强烈的赤道地区后逐渐进化出来的，但这并不是世界各地人皮肤颜色有差异的唯一理由。如果只是这样，那你可能会简单地认为赤道地区的人皮肤颜色最深，越往北走，人的皮肤颜色就越浅。这种说法在很大程度上是正确的，但在非洲大陆上，我们看到南北各地都存在深色和浅色的皮肤。同样，在印度、远东和澳大利亚，我们也看到了不同深浅的皮肤颜色。

像往常一样，在生物学领域，我们仔细观察时，会发现非常复杂的模式，这些模式不好理解。在"**科学种族主义**（scientific racism）"时期，人们最初尝试根据皮肤颜色对人进行分类，他们过分简化了问题，提出了荒谬和错误的观点。

利用 DNA 来理解皮肤颜色（以及眼睛颜色和头发颜色——所有曾被用来界定"种族"的特征），我们实际上得到的答案是非常复杂的：有数十种基因参与了色素的形成，这些基因中的细微差别导致了皮肤颜色的差异。而且，我们现在能从已经去世很久的人身上提取 DNA，就可以弄清楚几千甚至几万年前人们的皮肤颜色是什么样的。

能发现什么呢？我们已经知道，几万年前我们的非洲祖先比今天的白种人皮肤颜色更深，但皮肤颜色也很多样。实际上，我们发现非洲的"非智人种"也有多种皮肤色素，**这发生在"智人种"出现的几十万年前。**

切达人

我们还知道，全世界包括英国在内，都有黑皮肤的人存在。大约1万年前，智人就已经在英国出现了。我们很熟悉的一个家伙被称为**"切达人"**（这是因为他是在一个叫作"切达"的地方被发现的，而不是因为他喜欢切达奶酪。顺便说一下，奶酪是在大约1万年前才被发明的）。2015年，科学家们从"切达人"的古老骨头中提取了DNA，发现他的基因版本最接近黑皮肤和蓝眼睛的特征。所以黑人至少在英国生活了**1万年，"切达人"也是我们的祖先之一！**

通过研究大约8000年前来自瑞典和北欧其他地区的骨头中的DNA，我们发现那时人类开始**进化**出与浅色皮肤紧密相关的基因。这是因为人类需要保持两种对健康至关重要的化学物质的平衡：维生素D和叶酸。

维生素D对人的骨骼生长和健康至关重要。维生素D的制造和产生需要紫外线，让阳光直接照射在你的皮肤上有助于维生素D的合成。不过，阳光也可能导致晒伤，甚至癌症。叶酸有助于婴儿在母亲体内健康发育。但是，紫外线会分解叶酸。所以为了保持健康，我们需要适量的阳光，能确保我们产生足够的维生素D，但又不会分解太多的叶酸。

真俗气!

真的有个地方叫"屁股地",就在距离"切达谷"7英里①左右的地方。

---
① 英里:英美制长度单位。1英里 ≈ 1.6093 千米。

　　黑色皮肤有助于保护我们免受阳光中强烈紫外线的伤害。随着我们向北方迁移，阳光中的**紫外线**也在减弱。几千年前，皮肤颜色比较浅的人能活得更久（而且更可能生育健康的宝宝）。有浅色皮肤意味着人能吸收更多紫外线来产生维生素 D。皮肤颜色变浅的部分原因是有些人远离了赤道附近的炎热阳光。

但是！情况远比这复杂得多。历史上，人们不断迁徙并在不同的地方定居，皮肤颜色反映了这一点，但还有很多其他因素需要考虑。

举例来说，因纽特人（Inuit）是住在寒带的土著民族。尽管他们几乎晒不到什么太阳，但他们的皮肤仍然是深色的。在那么北的地方，冬天的时候，太阳在上午 10 点后才升起，在下午 4 点前就落下了，这意味着你到学校时天还是黑的，回家时天也黑了。所以，生活在那里的人们在许多世纪里已经适应了少量阳光的生活环境，他们通过富含鱼类的饮食获得身体所需的维生素 D。这就是**适应性进化**的另一个例子。

多样性是生活的调味料

世界各地的人的皮肤颜色存在巨大差异。一般来说，你的祖先住得离赤道越近，皮肤颜色就越深。而人的皮肤颜色变浅是因为越向北走，阳光会变得越暗淡。但这并不能解释全部情况，人类在全球各地迁徙和生育，他们的基因也向四面八方传播。

我们可以看到，皮肤颜色的变化是有科学道理的，但单纯按照皮肤颜色划分人类的做法是非常"肤浅"的。

马丁·路德·金是 20 世纪美国的民权领袖。他为争取非洲裔美国人的权利而斗争，并帮助他们在 1964 年获得了平等权利。在那之前的一年，马丁·路德·金在他最重要和最著名的演讲中说道：

"我梦想有一天，我的四个孩子生活在一个不是以他们的皮肤颜色，而是以他们的品格来评价他们的国家里。"

这是一个非常美好的理念，而且反映出了长久以来皮肤颜色在种族歧视中扮演的重要角色。直到 1964 年，生活在美国的黑人还在法律上被禁止进入某些白人可以去的地方，在公交车上也只能坐在特定的座位上。也许你听说过罗莎·帕克斯？她是美国民权运动的活动人士。1955 年，在种族隔离的美国，她因拒绝在公交车上将座位让给一个白人乘客而一举成名。

英国的情况与美国不同，没有正式的种族隔离区和法律。不过，即便在 1948 年"帝国疾风号（*Empire Windrush*）"上的乘客抵达英国，协助战后英国重建之后，种族歧视和偏见仍然存在。在那个时期，一些加勒比国家由英国统治。许多生活在加勒比地区的人曾在战争中为英国武装部队而战。当他们看到呼吁帮助英国重建的广告时，许多人离开了自己的国家，来到英国提供帮助。然而不幸的是，那个时代种族主义依旧猖獗。

20 世纪 70 年代和 80 年代，情况已经有了一些改善。那时，白人喜欢"把脸涂黑"取乐：他们会把脸涂成黑色，然后模仿黑人的样子表演。我还记得小时候有一种大受欢迎的果酱，果酱瓶上印有带种族歧视色彩的黑人玩偶图像。

现在，人们更加意识到黑人历史人物的重要性，以及他们对社会产生的积极影响。但种族主义和偏见仍然存在。

黑人的命也重要！

你可能已经注意到，最近越来越多的人开始谈论肤色问题。许多人开始关注学校的历史教学方式，他们开始提出这样的问题：**为什么历史书中很少有有色人种被歌颂？**

以我居住的英国为例，我们现在知道，自罗马时期以来，就有深肤色的非洲人在英国生活。有些人曾是罗马士兵，还有些人成了领袖。都铎时期有像约翰·布兰克这样的人在亨利七世和亨利八世的宫廷中担任音乐家并收取演出费用。到了18世纪的乔治时期，全英国至少有**2万名黑人**。

抗议！

黑人的命也重要！

黑人的命也重要！

虽然今天英国的大多数人都是白皮肤的，但实际上我们中有数百万人的近代祖先来自世界各地，比如印度和巴基斯坦，或是非洲的乌干达和埃塞俄比亚，还有加勒比地区。英国人的肤色多样，主要是因为他们的近代祖先来自大英帝国统治过的国家，那些国家的国民成了英国公民，许多人决定搬来英国，我就是他们中的一个，你可能也知道有很多孩子，他们的父母或祖父母出生于世界各地，但他们现在都已经成为你所在国家的公民。我喜欢引用一句斯里兰卡作家安巴拉瓦纳·西瓦南丹的话：

"我们在这里，是因为你们曾经在那里。"

他的意思是，人们从世界各地来到英国，是因为英国人曾经去了他们的国家并占领了这些国家。我拿英国举例是因为我是英国人，全世界的情况其实都差不多。数百万非洲人从西非的家园被带走，成为北美洲和南美洲上的奴隶。如今，他们的后代是自由的公民，成了美国人，一开始是因为他们的祖先被迫来到了美洲国家。人们已经在世界各地迁徙了数千年，但也有很多人是被迫迁徙的。

肤色重要吗？肤色对你的能力或者行为方式没有任何影响。**不论你的皮肤是黑色、棕色还是白色的**，它都不能告诉我们你是个什么样的人：你喜欢猫还是喜欢狗？你擅长数学、体育还是舞蹈？肤色也不能说明你是贪婪的还是善良的，聪明的还是固执的。所有这些与你的肤色完全无关。肤色可以反映我们的家庭、祖先和背景，可以是我们身份和文化的重要组成部分。人类多种多样的肤色，织就了一幅反映人类物种复杂基因和历史变迁的巨大图画，我认为这非常特别，但肤色完全无法说明我们的兴趣、能力或者像马丁·路德·金所说的——"品格"。

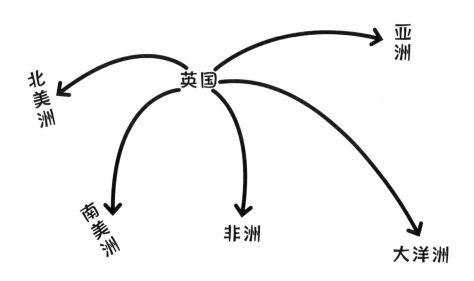

我们还有很长的路要走

第八章

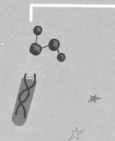

种族是什么？

种族不是你皮肤的颜色，也不是你来自哪里，甚至与你的家族来自哪里也没有关系。

那种族究竟是什么呢？

它真的存在吗？

嗯，答案是肯定的。种族的确存在。

因为随着时间的推移，**我们选择相信种族的存在**。林奈和其他思想家、科学家认为种族是生物学的一部分，与我们的皮肤颜色密切相关，**他们发明了种族分类**，把它作为一种描述、分类和对人类进行排名的手段。

很多那时的科学家还认为种族是你的一部分，是不会改变的。种族是固定在人们身上的，一个种族的人不能变成另一个种族的人。他们认为白种人的特质与黑种人的特质不同，这些特质都锁定在我们身体的细胞里。那时候，我们甚至还不知道 DNA 的存在，但他们的思路是一致的，他们认为种族是确定你身份的生物学组成部分。

现在，我们知道了 DNA、基因和基因组。我们可以追溯我们物种的历史，可以研究与皮肤颜色有关的基因，可以看到人们在过去几千年间是如何在世界各地迁移的，也可以比较全球各地人的 DNA。近年来，我们发现每个人的 DNA 都是不同的。我们也了解到，你的 DNA 更可能与你的直系亲属、邻居以及同一国的人相似。

像我这样的遗传学家只需要你往试管里吐一口唾沫，就可以从你的细胞样本中提取出 DNA。**但我得强调，我真的不想这样做。**你的唾沫最好还是留在你的嘴里，**别吐到其他地方。**

通过一些巧妙的分析，我们可以追溯你的家族在许多代人中的历史。我们可以看出你的妈妈和爸爸是否来自世界不同的地方，他们的父母是否也如此。通过找到与你的 DNA 最相似的人群的分布，我们可以明智地推断出你的祖先来自何处。

我们是不是可以因此确定你的种族呢？绝对不是！因为我们发现林奈和其他科学家提出的种族分类与 DNA 所揭示的信息并不吻合。看看今天的非洲人，他们之间的差异比白种欧洲人之间的差异还要大。实际上，如果你的父母或祖父母是尼日利亚人，你的 DNA 可能与中国人有更多共同之处，而不是纳米比亚人。

通过观察 DNA，我们可以发现我们讨论种族的方式实际上并不合理。如果黑人之间的差异比他们与东

亚人的差异还要大，那黑人怎么能被归为一个种族呢？

遗憾的是，并不是每个人都是遗传学家。我们使用种族这个概念作为一种简称，表达人们在很久以前来自何处。

这意味着种族确实存在，是真实的，这并不是因为它写在我们的 DNA 里，相反，种族是所谓的社会约定（social construct）。这是一个专业术语，社会约定是指我们所有人为了保持社会正常运转而达成的共识。

社会约定非常重要。你知道还有什么是社会约定吗？

时间。没错，地球绕着它的轴旋转，它转完一圈，我们称之为一天。地球绕太阳转完一圈，我们就称之为一年。但为什么一天有 24 小时呢？为什么中午 12 点是午餐时间，下午 4 点是茶点时间呢？没有特别的理由，只是因为我们约定了这样做，并一直传承下来。没有这些约定，每个人都会感到困惑，什么事也办不成。你可以在学校试试，上课迟到，然后向你的老师解释

时间不是真实的，它只是一个社会约定。呃，最好别这样做，因为你会惹上麻烦。如果你真要这样做，别怪我没提醒你。

超时了！

你迟到了！

时间只是社会约定！

上课时间超过一小时了！

时间不是社会约定吗？

钱也是一样的道理。一英镑硬币实际上并不值一英镑！只是我们都同意，如果你用它交换东西，它就有一英镑的价值。**从这个意义上说，金钱也是一种社会约定。**不过请你不要尝试在商店里使用这个知识，因为店员会马上把你赶出去！

社会约定的作用是帮助我们理解周围的世界，因为它们提供了秩序和组织，就像把事物分门别类一样。所以，我们通过肤色和身体特征看待他人的行为，是因为过去的人们"创造"了种族这个社会约定，而我们今天仍然在使用它——即使科学已经指出这是不正确的！

种族的发明

我们已经在前面的章节中了解到，过去的科学家和政治家是如何定义种族以及对种族进行分类的，我们是如何逐渐接受这种观念的。这些分类最初是为了显示白人的优越性，"证明"他们可以统治其他国家和人民。

我们现在不必为这种错误感到难过，更重要的是搞清楚真正发生了什么。这样，我们可以尽力防止错误再次发生。

种族概念被用来为历史上极其恶劣、可怕的事件辩护。坏人总是用他们能够找到的任何东西来为残忍辩护。在过去的几个世纪里，种族差异被用来为奴隶制、战争和种族灭绝（对一个民族或一些民族进行灭绝性的屠杀）辩护。18 世纪的时候，白皮肤的欧洲人认为黑皮肤的非洲人比他们低等，他们利用虚假的科学种族主义来为奴役黑皮肤的非洲人进行辩护。英国人也不例外，他们来到非洲，用暴力把非洲人从家中带走，用锁链锁上他们，再把他们卖给奴隶贩子。数百万非洲人被当成奴隶卖到海外，特别是美国和南美。他们在那里遭受极度的痛苦、暴力，过着难以想象的恶劣生活。奴隶主认为黑人身体强壮，但不聪明。他们利用科学种族主义作为借口，粗暴地对待他们，不给他们自由，禁止他们接受教育。类似的事情包括：英国殖民并以极端的暴力压迫、统治印度。

最为人所知的种族灭绝事件发生在第二次世界大战（以下简称"二战"）期间（1939 年至 1945 年）。当时，阿道夫·希特勒和纳粹认为他们是最高贵的人种（他们自称为"优等人种"），因此有权侵占其他国家，屠杀他们认为劣等或对他们的权力和纯洁构成威胁的人群。他们最痛恨犹太人，二战期间杀害了超过 600 万的犹太人，其中很多人死于集中营，纳粹在集中营里还对他们进行人体实验。纳粹也迫害和杀害了其他群体，包括罗马人、同性恋、精神和生理残疾人。他们的部分计划建立在完全错误的信念上，即其他种族都是劣等的。每年 1 月有一个国际纪念日（1月 27 日为一年一度缅怀大屠杀遇难者的国际纪念日），以此纪念那些逝去的生命。

今天，我们认为种族主义是不科学的，也是绝对令人厌恶的。奴隶制在维多利亚女王时期的英国被废除，到了 20 世纪，这个国家开始摒弃它的种族主义历史。英国是二战中对抗纳粹的力量之一，它认识到了纳粹的白人优越论实际上根本不基于科学，而是基于仇恨和贪婪。

然而，我们很容易认为种族主义已经成为历史。但事情总有改进的空间，我们应该继续努力，创建一个任何种族或性别的人都能受到尊重、关爱和照顾的社会。

在某些国家，基于种族差异的激烈战争仍在继续。英国是个相对宽容的国家，法律禁止公开的种族歧视和其他仇恨犯罪。**每年 10 月，英国都会庆祝"黑人历史月"。**电影、电视和体育领域也在此方面取得了很大进步，能够展示来自世界各地的群体。有

些人甚至告诉我，英国是他们去过的种族歧视最少的国家！我不知道该如何衡量这个消息，也许这是真的，但这并不意味着种族歧视已经从英国消失了——即便在"种族歧视最少"的国家里，仍然存在着种族歧视，也就是说我们还有很多工作要做。遗憾的是，一些关于种族、肤色与归属感、能力有关的负面观念仍然存在。比如，有些人认为，如果一个人的父母不是在英国出生的，或者他们的肤色较深，那么这个人就不是英国人。过去，一些种族歧视的观点得到了当时错误科学的支持，但我们现在已经没有任何借口来为这些信仰辩护了。这种情况在全球都存在，但无论你来自哪里，请记住这些偏见都是不对的。

我们也在全球文化中看到了种族主义。很多人看到不同肤色的人出现在电影或电视上时会异常愤怒。你可能看过最新的迪士

尼电影《小美人鱼》，其中的爱丽儿是由一个非洲裔美国人扮演的。有些人对此非常生气，因为在动画版电影中，爱丽儿是白皮肤红头发的。他们似乎不介意爱丽儿是一条有尾巴的美人鱼，能在水下呼吸和唱歌，而乌苏拉是一个上半身是女人、下半身是一团黑色章鱼爪的诡异紫色生物。

很抱歉，孩子们，我得告诉你们——美人鱼是不存在的！

但黑人是真实存在的。如果有人认为爱丽儿的肤色深是个错误，你可能应该指出，人鱼长了条长长的鱼尾巴，这比她的黑皮肤更不现实；反派角色是

个紫皮肤、八条腿的水下女人更不现实。

因为美人鱼的肤色而生气，实在是太荒唐了，正如有人认为深色皮肤的人不是真正的英国人那样可笑。只要你出生在英国，你自然就是英国人！遗憾的是，这些错误观念和随之而来的种族偏见，从 18 世纪那个充满错误科学的时代就已经存在，并一直延续到了现在。

这些内容可能读起来有点难，也可能会让你感到不愉快。但我想要告诉你，现代科学并不是种族主义者的朋友。实际上，它是一个强大的武器，可以对抗关于人们肤色和起源的偏见。让我们看看是怎么一回事……

一直游！

第九章

回到你来的地方！

到目前为止，我们已经知道人类的故事始于非洲，然后在大约 8 万年前，有些人开始慢慢离开非洲。如果你的妈妈、爸爸或老师觉得你坐不住，你可以告诉他们，**在过去的 100 万年里，人类都没能待在一个地方，所以他们也应该放松一点**。记得要礼貌地说。也许我们的祖先是在追随季节，追赶兽群，或者寻找适合觅食的地方。也许他们生活的地方食物变得越来越少，他们决定去别的地方寻找食物。

你可能有过从一个地方搬到另一个地方的经历，人类的迁徙很有**可能**就是这种情景。所有这些都是在很长的时间（几百年甚至几千年）里，经过许多代人，慢慢发生的。

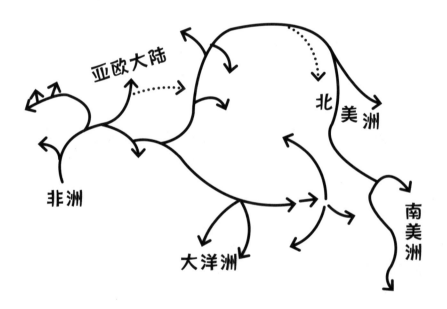

在这一章中，经过我的解释，你会理解人类的移动、迁徙和来来往往如何塑造了今天的我们，**还有为什么你可以把这些知识用作砸碎偏见的利器。**

随着时间的流逝，人类从非洲散布到世界的每个角落。人们四处迁徙，建立了家庭。

实际上，情况可能更像是这样：人们迁移到亚洲、欧洲，然后沿着亚洲的南海岸迁移到印度和东南亚。要知道，那时候没有汽车、自行车、飞机和船，所有的迁移都是靠走路完成的。今天看世界地图，你可能会想："哎呀，如果没有船，他们是怎么越过那片辽阔的海洋到达那里的呢？"

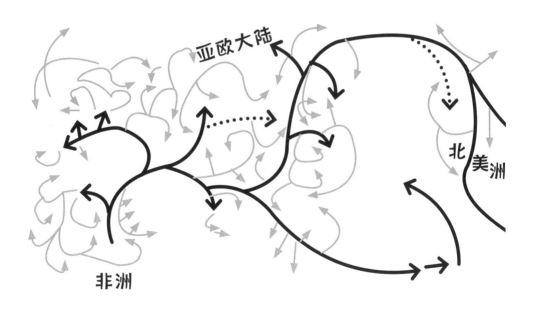

我们要明白，地球也在不断变化，气候可以改变地貌。在过去的 10 万年里，地球经历了好几次冰河时期，地球变冷了，南北极冰盖开始扩张，向赤道方向延展。当这种情况发生时，海水被吸入从北极向南移动的冰川里，或是从南极向北移动的冰川里。然后，海洋的水位就降低了，原先的海水变成了陆地。举个例子，那时从东南亚到澳大利亚的路线并不全是由岛屿组成的：6 万年前，整个路程你几乎都可以用走的！

人类最初就是这样来到澳大利亚的——仅仅用了 2 万年的时间，我们就从非洲走到了澳大利亚（可能偶尔还会划划船）。大约 2 万年前，亚洲也是与美洲相连的。如今亚洲和美洲中间有一个白令海峡，这个海峡把亚洲和美洲隔开，大约有 50 英里的距离。但在那个时候，两地之间全是陆地。人们迁移到亚洲的东部，现在的北俄罗斯地区，然后进入现在的阿拉斯加，甚至都没有弄湿他们的脚。这些人是美洲的第一批居民。大约 1 万年前，海平面再次升高，阿拉斯加与亚洲断开，而这些开创者在这片巨大的陆地上南北散布开来。他们是很多人的祖先——北方的因纽特人，美国和加拿大的美洲土著，中美洲的阿兹特克人，还有亚马孙雨林和南美洲最南端地区的人。在接下来的几千年里，美洲也有了很多来自亚洲的移民。这都发生在克里斯托弗·哥伦布带着侵略意图登上美洲大陆的很久之前。

在那个时期，美洲中部被巨大的冰川覆盖，人们无法穿越。我们认为移民转而走向了海岸。海岸是移民的好去处，因为这里靠近丰富的食物来源：鱼类和其他海鲜。这里会有充足的食物供给，居住条件也不错。

我们
绕过去！

欧洲人要在几千年后才踏足美洲。多补充一个事实。克里斯托弗·哥伦布实际上不是第一个登陆美洲的欧洲人。大约1000年前,一群维京人在一个名叫莱夫·埃里克松的酋长的领导下,航行到了现在的加拿大。他们在一个叫作文兰(Vinland)的地方建立了营地,在那里待了3年左右,与当地的斯凯拉林人(Skraeling)进行交易,他们其实非常害怕斯凯拉林人。某天,一头失控的公牛引起了大冲突,斯凯拉林人凶猛异常,维京人决定最好还是逃跑,永远不再回来。想象一下——强壮、勇猛的维京人被当地人吓得逃之夭夭。可能是斯凯拉林人问了这些维京勇士:"你们到底是从哪儿来的?"

英国:人来人往的国家

那英国呢?人类已经在美丽的英国群岛上生活了超过90万年。我们以英国为例,是因为埃玛和我都是在英国出生的,但不用担心——我会继续解释,无论你来自哪里,这个部分对你来说

都很重要！

记住，智人——也就是我们——只存在了大约 40 万年，而且直到 8 万年前才离开非洲。所以我们真的不知道第一批英国人是谁——只知道他们不是我们。我们从诺福克海岸附近一个叫作哈皮斯堡（Happisburgh）的地方发现了惊人的泥土化石脚印，这些脚印应该是一个家庭留下的。遗憾的是，我们很确定这些人不是你的祖先。他们是一种早在智人离开非洲之前就生活在英国的人类。他们和我们不一样，根据脚印我们可以判断出他们是另一种人类，穿 43 码的鞋。在萨塞克斯的博克格罗夫发现的古老骨头揭示，他们可能是一种叫作海德堡人（Homo Heidelbergensis）的人类，大约 50 万年前就存在了。

从那时起，英国就一直有人居住。虽然我们这个物种可能直到大约 2 万年前才从欧洲来到这里，但我们认为尼安德特人可能在我们之前就来到这里了。

1 万年前的英国就有了人类，比如我们前文提到的皮肤较深、蓝眼睛的切达人。这些人的生活来源主要靠狩猎，也就是说他们不从事农业，而是寻找浆果、蔬菜和贝类，狩猎野猪、山羊和其他大型动物作为食物。这个时代被称为新石器时代（New

Stone Age）。到了大约 6000 年前，新石器时代的人们遍布英国。他们制作精细的石器工具，住在小屋里，狩猎，甚至开始种植农作物。

后来发生了一些怪事。有些人从欧洲迁移到了英国。我们称这些人为宽口陶器人（Beaker Folk）。他们是青铜时代（Bronze Age）早期的人，因为他们制作的钟形陶罐而得名。他们来到英国后，之前的本土居民很快**消失**了。从他们古老骨骼中找到的 DNA 表明，在短短几个世纪内，英国人口完全被替换了！我们不知道到底是怎么回事。可能是疾病或战争的原因，但基本上之前的人都消失了。

一夜之间（好吧，实际上是一个或两个世纪的时间里），英国变成了陶器人的岛屿。正是这些欧洲人建造了英格兰最有标志性的新石器时代纪念碑：巨石阵（Stonehenge）。我们不清楚他们最初建造巨石阵的目的，但几个世纪以来，它被很多人用作见面、庆祝和祈祷的地方。

英国这个岛屿已经有 9000 年历史。它的东海岸曾经与欧洲相连（与荷兰接壤），但是海平面升高，冲走了英格兰东部萨福克海岸附近的陆地（我出生的地方）。

人口的不断变化，记录了人类真实而壮阔的历史。罗马人、撒克逊人、维京人和诺曼人总是从欧洲来到英国，有时友好，有时不那么友好。

英国长期以来一直是移民的聚集地，这一点可以从语言中看出来。英语疯狂融合了许多其他语言，随着各种各样访客的到来、定居、接管或仅仅是与当地人相处，英语也发生了变化。

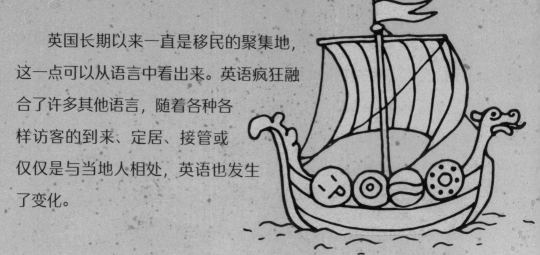

这是一个完全正常的句子：

ON A THURSDAY IN MAY, A WOMBAT PIRATE TOOK A SAUSAGE WITH KETCHUP AND SAILED AWAY ON A DINGHY.

意思是：5 月的一个周四，一只海盗袋熊拿了一根蘸了番茄酱的香肠，乘着一艘小艇扬帆远航。

这句话再正常不过了，我们来分析一下这个英语句子里的词汇来源：

Thursday（周四）━━━━━━━➤ 来自维京语

May（5月）━━━━━━━━━━➤ 来自拉丁语

wombat（袋熊）━➤ 来自澳大利亚原住民语

pirate（海盗）━━━━━━━➤ 来自希腊语

took（拿了）━━━━━━━━━➤ 来自维京语

sausage（香肠）━━━━━━➤ 来自古法语

ketchup（番茄酱）━━━━━━➤ 来自汉语

sail（远航）━━━━━━━━━➤ 来自古高地德语

dinghy（小艇）━━━━━━━━➤ 来自印地语

　　大不列颠人口的疯狂迁徙历史就在这里，体现在英国人的说话方式中。

　　人口的不断流动是所有国家的故事。英国是个人来人往的国家，这一点没什么特别。澳大利亚、美洲，还有俄罗斯和其他一些地方都是如此。我们要知道，人类总是在不断流动、迁徙的。即使在广袤的非洲大陆，我们的物种也已经在那里居住了很长时间（可能连续居住了50万年吧），非洲内部的人口流动也一直存在。我们可能会感觉好几年都很稳定，住在同一个地方，甚至是同一栋房子里。但在更长的时间里，人们一直在移动，努力生存，尽可能在任何地方成立家庭。

　　人们由于各种各样的原因而四处奔波。其中一个原因是，在近代历史中，欧洲人开始认真探索世界，经常通过武力征服别的国家。英国和其他欧洲国家开始建立起统治其他国家的帝国。被英国征服的那些国家的国民有时会来到英国，在这里成立家庭。记住我在前文引用过的那句话："我们在这里，是因为你们曾经在那里。" 1492 年，欧洲人入侵美洲，几乎完全消灭了当地的美洲土著。19 世纪，数百万人移民到美国开始新生活。

　　由于大英帝国的殖民历史，许多黑人和棕色人种移民到英国，所以他们现在比以前更常见了。事实上，我的出生地英国，这些美丽岛屿，历来人员流动频繁，不断有人迁入、离开、入侵和定居，这就是"大不列颠"之名的由来。这就是为什么"你到底从哪儿来？"这个问题完全没有意义！我们是一个移民国家，我们的文化借鉴了世界各地的文化。没有什么能比午餐更好地体现出这一点了……

食物，赞美食物！

　　我们来谈谈食物。我喜欢食物和烹饪，但主要是喜欢吃。食物是了解人们如何在世界各地流动和分享文化的有趣途径，我们自身可能没有意识到。

　　有时人们为自己国家的历史感到自豪，有时会感到羞耻。我对此没太多感觉。看到我们的足球队赢得比赛，比如 2022 年欧洲锦标赛，我当然很高兴。我也想更多地了解过去，这样我们就能学习历史，努力避免重复人们曾经犯过的错误。

　　我也认为，人类的力量源于我们的多样性。我想学习别人的文化，了解他们是什么样的人，他们喜欢做什么。食物是实现这个目的的好方法。世界各地的人们吃不同的食物，部分原因是国家和国家不同，人们的饮食经常取决于居住地能种植和捕获什么。植物生长取决于气候。有些植物在炎热的气候下生长得更好，有些适合湿润的气候，还有些适合干燥的气候。文化和宗教信仰也影响了世界不同地区的人们的食物选择。要是没有按清真方式屠宰，大多

数穆斯林就不会吃牛肉或羊肉，犹太人倾向于只吃符合犹太饮食法的食物。还有一些食物和烹饪方式只是传统，也就是那些在家族和文化中传承下来的东西。

关于不吃某些
食物的宗教信仰：

犹太教徒：只吃符合犹太教规的肉类和鱼类，它们叫犹太洁食（kosher）。犹太洁食是指已经通过特定的方式选取制备的食物，符合犹太教的教规。

伊斯兰教徒：只吃清真（halal）的肉类和鱼类。清真意味着动物已经按照他们的宗教法律规定的方式屠宰。

佛教徒：许多佛教徒是素食者。佛教的一项教义是禁止夺取他者的生命。部分佛教徒认为这意味着不吃肉。

印度教徒：许多印度教徒是素食者，几乎所有印度教徒都不吃牛肉，他们认为牛是神圣的动物。

许多其他宗教的信徒是素食主义者或严格素食主义者。

食物在不同文化和宗教信仰中扮演的角色是复杂多样的，在不同个体所在的社区之间差别很大，发现人与人之间的这种饮食差异也是非常有趣的。如今，无论我们住在哪里，都能尝到来自世界各地的食物。现在英国最受欢迎的一道菜是咖喱鸡（chicken tikka）。这是一道印度菜，是在 20 世纪 70 年代由生活在英格兰（也可能是苏格兰）的印度人为了迎合那些不太习惯辛辣食物的英国白人的口味而发明的，所以它应该算是一道英式印度菜。我更喜欢这道菜里辣椒多放点、咖喱更辣一点。你知道吗？辣椒实际上源自南美，在 16 世纪被带到印度。

那么，现在去海滩度假，坐下来享用一些美味的炸鱼和薯条怎么样？这是最具英国特色的夏日活动不是吗？其实，炸鱼和薯条是由 16 世纪的西班牙和葡萄牙的犹太人发明的。用来制作薯条的土豆来自南美，直到 16 世纪才传入英国。而番茄酱是由番茄制成的，番茄、土豆和辣椒也来自南美。在从南美传入英国之前，这些作物从未在英国生长过。比萨可能看起来非常"意大利"，但在玛格丽塔比萨被发明出来的数千年前，古埃及人就已经在吃带有配料的扁面包了。

来聊聊传统的英国圣诞大餐怎么样？它应该是你能想象到的最国际化的组合搭配了：火鸡源于墨西哥，土豆来自南美。胡萝卜和豌豆呢？它们源于中东。

那水果呢？英国苹果又甜又多汁，太好吃了，对吧？其实，苹果源于亚洲。西瓜来自西非，葡萄来自中东，杧果来自印度，橘子来自东亚，而菠萝、黑莓、蓝莓和蔓越莓都来自南美。

我最喜欢的食物之一是日本寿司。我喜欢包着黄瓜（源于印度）、牛油果（源于南美）以及对虾（在全球的海洋中游动）的寿司卷。

我们吃的食物真的很国际化。你最喜欢的食物是什么？不管是什么，它可能都是由来自世界各地的食材制成的。所以，就像人类一样，食物也在世界各地迁移，在非原产地的地方扎根下来，成了那些地方文化、身份认同和土地的重要组成部分。

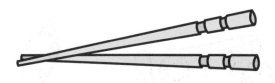

回到你来的地方！

没有人天生就是种族主义者。出生几天后，婴儿就能看出一个人和另一个人的不同。也就是说他们能认出自己的父母，也能分辨不同的颜色（当然，这也包括不同的肤色），只是还不能叫出它们的名字。对婴儿来说，这些差异几乎没什么意义。他们不会对这些差异做出任何正面或负面的判断。

种族主义是后天习得的态度。种族主义者可能被教导过对不同相貌的人持怀疑或仇恨的态度，相信其他种族的人不如自己。我们之前也谈到过，这背后的原因有漫长而复杂的历史。

也就是这个问题：

你到底
从哪儿来？

这是一个人们经常被问到的问题，有时它可能意味着：

"你为什么看起来和我不一样?"

你可能也问过别人这个问题。也许你只是对为什么有人看起来不同感到好奇。不过,请记住这通常是个充满评判意味的问题。许多混血儿或少数族裔的人都被问过这个问题,虽然大多数时候这个问题是善意的,但有时它可能变得尖锐,就像在说:"你不是这里的人。"甚至像在说:

"你为什么在这里?"

有时(还好现在这种情况不是很常见),它可能直接变成了侮辱:

"从哪儿来回哪儿去!"

这种种族主义就是一种霸凌,我不喜欢欺负人的家伙。我的出生地英国,自古以来就是旅行者和移民的归宿,这些人把英国当成他们的家。唯一真正的土著英国人大约 100 万年前生活在这里,我们甚至还不确定他们是什么种族呢!因为我了解人类的历史,知道我们是怎样走遍全球的,所以每次有人对我说:

"从哪儿来回哪儿去!"

我真的搞不懂他们在说什么，只觉得他们很刻薄。

这种话真的很伤人，会让别人感到不受欢迎，产生不属于这里的感觉。虽然我们站出来反抗不容易，但揭露这种言论愚蠢荒谬的本质，让语言霸凌者难堪，削弱他们的气焰，同样非常重要。

所以，如果有人对你或你的朋友说："你到底从哪儿来？从哪儿来回哪儿去！"你可以笑着问他们："这话到底是什么意思？你指的是什么时候的事情？"

你是指今天早上？还是 1000 年前？
你是指你居住的城市、街道、房子？还是你出生的地方？
其实，所有人类最初都来自非洲。

我是人类，来自地球，和你一样。

甜蜜的家

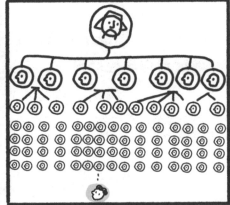

第十章

破除刻板印象
与偏见

第一次见陌生人时，我们马上会对他们产生一些想法。这是非常自然的人类反应。一见到陌生人我们就自然而然地做出一些假设。这些假设就是刻板印象。

刻板印象与偏见

你听过**"不要以封面判断一本书"**这句话吗？这句话的意思是"不要以貌取人"，就是说在更好地理解和探究某人或某事之前，我们不应该做出假设。（嘿嘿，不过你应该根据这本书的封面来判断它里面的内容，因为这本书的封面设计得太棒了！）

同样地，你也可以说：**"不要以肤色来判断一个人。"**这是谈论刻板印象的另一种方式。

刻板印象是我们对一个人或一群人形成的特定看法或观念。有时刻板印象能帮我们理解这个世界，但我们要记住，刻板印象往往是不准确的，有些刻板印象甚至是刻意的、带有恶意的。在不了解别人的情况下，将个体归为一类，形成对他们的看法，这就是一个刻板印象的例子。人们会根据种族、性别和阶级形成各种刻板印象。

可能你明白这种感受。有没有人因为你的出生地、你的外貌、你的说话方式、你喜欢做什么

或你穿什么衣服而评判你？如果有，你就会知道这种感觉有多不好。

如果我们只是基于一个人的性别、信仰、外貌、种族来对他做出假设，这不仅不尊重别人，而且很伤人。我们不应该以貌取人，但事实上这种情况确实存在。许多人都有根深蒂固的偏见，可能自己都没有完全意识到。偏见就是偏于一方面的见解，"预先判断"导致我们对某人持负面的看法——在实际了解某人之前，你就已经决定了他是什么样的人。当我们带着刻板印象判断一个人时，我们就看不到真正的个体——那个独一无二的人，这种做法可能会变得危险。

问问你自己这些问题：

谁做饭更拿手——男孩还是女孩？

谁更爱哭——男孩还是女孩？

谁足球踢得更好——男孩还是女孩？

谁更擅长玩电子游戏——男孩还是女孩？

我敢打赌，你已经有了这些问题的答案，对吧？

事实上，这些问题没有正确答案，只会强化有害的性别刻板印象，刻板印象规定人们应该做什么、不应该做什么，无视个人喜好和专长。这些刻板印象可能会让人放弃他本来可能感兴趣的活动，或者阻碍个性表达。

别人听说埃玛喜欢科幻电影，讨厌购物（按理说，女生应该都喜欢购物）总是很惊讶，这让埃玛很恼火。

我常常在看电影时流眼泪，就算电影并不是悲剧。看到《星球大战：原力觉醒》里的雷伊获得光剑时，我哭了；看到《神奇女侠》中黛安娜出现在第一次世界大战的战壕里，我也哭了。谁足球踢得更好？有些人可能会认为英格兰的男子足球队在国际比赛中表现更好，但实际上是女队在 **2022 年赢得了欧洲锦标赛**，而男队从来没赢过。那么你说，谁更强呢？

地理、民族和宗教的刻板印象也同样存在。刻板印象可以是负面的，也可以是正面的。有些刻板印象听起来很正面，比如黑人的"节奏感很好"、是出色的运动员或者舞蹈演员；东亚人擅长数学；戴眼镜的人很聪明。重要的是你要意识到这些想法也可能是有害的。

别人可能对你有刻板印象，或者对你的朋友有？

刻板印象非常不好，刻板印象会让我们看不到一个人的全貌。一旦相信刻板印象，我们就不会去了解新转来班上的同学，新搬到社区的邻居。我们可能会错过认识新朋友的机会，可能会向某人发出信号，暗示他们不应该做他们喜欢的事或者他们应该做他们不喜欢的事。而且，刻板印象一不小心就容易变成偏见。

为了防止我们陷入使用刻板印象的陷阱，我们应该问自己一些关于刻板印象的问题。

这些刻板印象是真的吗？

刻板印象会对当事人造成伤害吗？

这种刻板印象从哪里来？

如果这些刻板印象是真的，它们是天然存在的，还是后天形成的？

当然，这些问题很难回答，我们需要进行适当的研究。我们需要知道为什么会有这些刻板印象，这意味着我们需要学习历史。我们需要知道人们对这些刻板印象的感受。我们还需要努力弄清楚什么是 DNA 决定的，什么是我们后天学到的。我们是谁？我们是基因和环境的结合体，相信我，要区分它们非常困难，这也是当今一些最聪明的科学家正在努力研究的事，就连他们也没完全搞明白！

我们从父母那里继承了基因，我们的行为习惯是从家庭环境中学到的。有时候，这被称为**"先天遗传（nature）"**和**"后天教养（nurture）"**：先天遗传的是 DNA，后天教养来自你生活和成长的环境——基本上除了 DNA 以外的所有事物！

文化也在很大程度上决定了我们是谁。也许你喜欢宝莱坞电影是因为你来自印度家庭。你不爱吃肉是因为你的家庭成员都是素食主义者。

或者，想想你说的语言。语言表达能力是编码在我们 DNA 中的。这是遗传的，基因决定了我们能说出词句，很小的时候就能表达复杂的想法。但实际上你说的语言是由你出生的国家和家庭决定的。我说英语是因为我在英国出生，父母是英国人。如果我在西班牙出生，父母是西班牙人，那我就会说：**yo hablaria español（我说西班牙语）**！

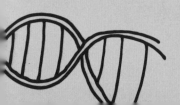

许多刻板印象都与运动有关。也许你喜欢足球、网球或体操。就算你对运动不感兴趣，它也是全世界人们日常生活的重要组成部分，你至少听说过维纳斯·威廉姆斯或马库斯·拉什福德吧。

和其他任何活动相比，奥运会无疑是全世界观看人数最多的体育赛事。运动是世界各地的人展示体能巅峰的一种方式，也是一种很不错的娱乐活动。我们参与体育运动，部分是为了获得运动的乐趣，部分是为了赢。我们看到在某些运动上，有些人比其他人更优秀，有些国家比其他国家表现得更好。不过，在谈论精英运动员的表现时，种族刻板印象经常出现。

我们来看一下与种族相关的刻板印象，看看我们能否回答之前的那些问题。

有个流行的观点是黑人通常在运动方面更出色。我们应该问的第一个问题是：这是真的吗？来看一些数据。乍一看，你可能认为这是真的。

· 1980 年以来，没有白人短跑运动员进入过奥运会 100 米决赛。

· 2010 年以来，所有长距离跑的纪录保持者和伦敦马拉松赛冠军（女组）都是肯尼亚人或埃塞俄比亚人。

· 足球四大联赛中，40% 的足球运动员是黑人。

粗看之下，参与更高水平运动的黑人数量更多，但是……

· 2019 年英格兰游泳协会注册的 7.3 万名竞技游泳运动员中，只有 668 人（不到 1%）是黑人或混血人种。

· 历史上只有两名黑人游泳运动员进入过奥运会游泳决赛。

· 2020 年世界自行车巡回赛，743 名选手中只有 5 名是黑人。环法自行车赛上的 143 名选手中只有 1 名选手是黑人。

这是怎么回事？ 如果黑人天生就擅长运动，为什么他们在某些运动中几乎完全缺席呢？很明显，在某些运动项目中，黑人的参与度很高，而在其他运动项目中，他们的参与度却很低。

体育运动中，人们不同的身体类型和不同的新陈代谢水平，确实对成功有很大的影响。一个明显的例子就是高个子的人往往更擅长篮球。

身高在短跑中也可能是很大的优势：尤塞恩·博尔特身高接近两米，是有史以来最高的短跑运动员之一。他是历史上跑得最快的人，其中一个原因就是他的身高。他迈步的速度与被他击败的其他短跑运动员差不多，但是因为他个子高，步幅比别人长几英寸[①]，所以他跑完 100 米用的步数更少。

擅长长距离跑和擅长短距离跑是非常不同的，擅长其中一项的人不一定擅长另一项，部分原因在于人的身体有两种不同类型的肌肉细胞——快肌和慢肌，它们会影响你在需要爆发力的运动（比如短跑）或耐力运动（比如长跑）中的表现。擅长长距离跑的人有更多的慢肌细胞，这些细胞更擅长处理氧气以产生运动能量，快肌细胞更适合在较短时间内产生爆发力。爆发力强的运动员往往拥有较高比例的快肌细胞。

① 英寸：英美制长度单位。1 英寸等于 1 英尺的 1/12，合 0.0254 米。

平均来说，东非人拥有更多的慢肌细胞。这是因为他们的祖先生活在高海拔地区，那里的氧气较少，他们进化出了更高效的处理氧气的方式。与没有这种生理条件的对手同时在氧气更充足的环境下竞技时，他们更具天然优势。

这些因素让这些地区和国家的人在长距离跑上具有明显的生理优势，**不过这仅仅解释了他们成功的一部分原因。**

体育运动的成功的确有遗传因素影响，但这不是唯一的原因。这些优势并不局限于一个种族或一类人。就算东非的长跑运动员和美国最成功的短跑运动员都是黑人，他们也是截然不同的。不过，仔细观察，你就会发现"黑人很擅长跑步"这种说法站不住脚。也许你的祖父母来自东非，但你对跑步没兴趣，一点也不喜欢（我现在根本跑不动 200 米，不过我曾经很擅长短跑，当然是在我变得又老又僵之前）。

如果所有长跑运动员都来自东非，那为什么没有更多的肯尼亚耐力自行车运动员呢？这项运动需要慢肌细胞和惊人的氧气处理能力。荷兰人的平均身高是世界第一，但他们国家的篮球没什么名气。印度有 14 亿人口和出色的国际板球队，但你能说出一名著名的印度足球运动员吗？中国有超过 10 亿的人口，但他们并不擅长橄榄球运动。这是因为中国人比较特别，还是因为在中国不流行橄榄球呢？**你认为呢？**

有人提出，因为非洲裔美国人的祖先曾经被奴役，所以非洲裔美国人在体育运动上具有优势。这种想法根本不合逻辑。研究非洲裔美国人的基因，我们可以发现根本没有证据证明这一点。

记住，要在体育运动上取得卓越成绩，需要一种特定的心态——献身精神和刻苦训练。大多数喜欢运动的人都想做到最好，但要成为**利奥内尔·梅西、维纳斯·威廉姆斯或刘易斯·汉密尔顿**这样的顶尖运动员，你需要原始天赋、特定体质、持续训练，以及接触训练设施和教练的机会。

最后一点非常重要，它解释了为什么我们会看到不同国家在不同运动项目上的成功存在如此大的差异。非洲国家还没有培养出世界级的滑雪运动员，你能猜到为什么吗？

没有海岸的国家通常不会培养出优秀的帆船运动员。游泳也是一个很好的例子，可以说明你从事和擅长的运动是如何受到你生活的地方和文化环境的影响的。尽管黑人在某些运动上取得了巨大成功，但黑人（无论是英国黑人、非洲裔美国人还是来自非洲的黑人）几乎没在任何顶级游泳比赛中出现过。

过去，很多人提出黑人不擅长游泳是因为黑人的骨密度更高，不如白人那样容易浮起来。**要是你觉得这种说法很蠢，那你就说对了！** 这种说法确实很蠢！这是一种荒谬的种族主义观点，是完全错误的。黑人和白人之间没有骨密度的差异，即便有，也不会对浮力产生太大影响。这是科学种族主义的典型例子：试图找出什么生物学理由来说明为什么一个种族比另一个种族低劣。

美国很多黑人不会游泳（大约 70% 的黑人不会游泳，而 60% 的白人会游泳）。**这是为什么呢？**

听起来可能很好笑，但主要原因就是游泳是需要学的。我们不是海豚，在没学过游泳的情况下是不会游泳的。研究发现，美国黑人很少会游泳的主要原因是游泳池通常建在黑人居住较少的地区。要是父母不会游泳，他们通常也不会教孩子游泳，而且上游泳课需要时间和金钱的投入。所有这些因素都与人会不会游泳有关，而不是与什么编造出来的神奇骨密度有关！

另一个原因是榜样的作用。人们往往受到榜样的激励来选择

某种爱好或职业。我之所以成为生物学家，是因为我喜欢**大卫·艾登堡**。体育运动也一样，很多孩子参加体育运动，是因为想要变成他们崇拜的英雄，在足球场上或者体操队中模仿他们的动作。不过，要是你没见过和你长得差不多的人从事某项运动，那你一开始就不太可能选择那项运动。

例如，我的搭档埃玛曾经是学校的短跑运动员，她记得那时候她的唯一榜样是**佐拉·巴德**（20 世纪 80 年代的南非裔英国长跑运动员，以赤脚奔跑而闻名）。佐拉·巴德和埃玛没有太多共同之处——不过埃玛确实为了模仿她的英雄而赤脚奔跑！

各国民众擅长不同的运动项目。身体素质确实很重要，不过你擅长什么运动很大程度上取决于你的文化环境、训练机会、榜样以及该运动在你的国家或地区的流行程度。

了解刻板印象及其来源很重要，我们只有这样才能更好地避免刻板印象。你可能会觉得擅长运动是件好事。谁不想更快、更强壮、更有肌肉？说某个特定群体擅长某项运动，难道不是件好事吗？

这就涉及历史了。在帝国殖民时代，那些创立种族分类的人（还记得我们在前面章节中提到的卡尔·林奈吗？）断定白人的大脑更聪明，黑人身体强壮但智力低下。今天的我们知道这不是事实，但它曾经被用作奴役黑人的理由。

这种黑人天生更适合体育的观念，植根于科学种族主义的历史深处。这种刻板印象在我们的社会中非常普遍，我们甚至都没有察觉到它的存在。美国的一项关于体育评论员的大型研究显示，评论员谈论黑人运动员时，往往会强调他们的体格和力量，而在评论白人运动员时，会更多评论他们的勤奋和智慧。这种偏见就是科学种族主义的现代体现。

在探讨体育与种族的关联时，乍一看似乎某些国家的群体比其他群体更加出色。然而，深入分析后我们会发现，这种出色并不能简单归因于种族，而是生物学、心理学、文化和环境等多方面因素交织的结果。

体育运动是**令人兴奋的、有趣的、戏剧性的**，它展现了人们下定决心、刻苦训练、全力以赴所能取得的惊人成就。天赋确实存在，我们的体质也确实影响了我们在哪些运动项目上表现更出色。非洲裔美国体操选手**西蒙·拜尔斯**是伟大的体操运

动员。她之所以很棒，是因为她坚持不懈地努力，用她自己的
话说：

"练习，练习，再练习。"

志存高远！

结束语

本书到此结束。但故事还远远没有结束，因为这是你的故事。**你**是有史以来最伟大故事的一部分。这是一部长达 40 亿年的地球生命史诗，你承载着每一个祖先的故事。这些故事藏在你细胞的基因里，如今我们能够解读这些 DNA，讲述这些古老的故事。你本身就是一本活生生的历史书！

科学与历史的魅力在于它们无穷无尽。我们不断地提出新问题，发现新知识，发掘新的骨骼化石，解码我们之前未知的DNA 片段，发现来自全球各地的新亲缘关系，深入了解别人的文化、传统以及历史。

我们不仅学习了关于人类进化和地球生命的故事，还明白了科学如何参与到历史上一些最恶劣的行为中。那些基于出生地的偏见与刻板印象，由这些偏见传播而来的种族歧视，都在不断地侵蚀我们的社会，造成不平等和不公正。要打破这些偏见与刻板印象，我们必须以**事实**为基础，不断学习和教育自己。

> 我认为最聪明的人不一定是知识最渊博的人，而是那些能提出精彩问题的人。

科学不仅意味着认识事物，也意味着探索未知。我们期待你的加入，发掘新的奥秘，将这个故事延续下去。在这本书中，有些信息是多年来众所周知的，有些则是最近的新发现。未来，新的发现将不断涌现，改变我们的认知，再次改写这个故事。可能有一天，你会成为科学家，来纠正我的错误！也许你会成为像埃玛那样的作家、亚当那样的插画家。不管做什么，请你记住，在遇到未知的问题时，最好的回答就是：**"我不知道，但我会努力寻找答案。"**

世界是那么错综复杂，那么美丽，那么神奇，充满了杰出的人物和奇迹般的自然景观。

与此同时，我们也面临着诸多挑战，种族主义就是问题之一。我们知道科学并不支持种族主义的观点。通过探究偏见和刻板印象的根源，我们有能力破解它们；通过了解科学真相，我们可以摧毁有关种族的有害观念。

当然，我们还有其他问题需要解决。比如全球变暖和气候危机、动植物的灭绝、贫困和疾病。这些问题关乎我们每一个人，因为它们对全人类产生了影响。如果我们进行更多的科学和历史研究，努力工作，创新思考，我们就能解决这些问题。我们可以发明新技术，讲述新故事，绘制新图像，深化我们对人类起源的理解：不局限于我们各自的小家庭，而是扩展到作为人类大家庭的一员的广阔视野中，对人类共同的历史有更全面的认识和理解。

这样我们就能为下一代创造一个更加美好的世界。就是你、你的孩子（如果你有孩子的话），以及孩子的孩子，世世代代，一直延续到未来。通过这本书，我们共同踏上了一场惊心动魄的旅程——跨越了数十亿年、遨游了数百万英里、穿越了数千代的历史，去追溯你真正的起源——"你到底从哪儿来?"然而，比起从哪儿来，一个更重要的问题正摆在我们面前：

"我们要到哪儿去?"

accretion: 吸积。天体因自身的引力俘获其周围物质而使其质量增加的过程。

adaptation: 适应。生物为了更好地生存或繁殖所做的变化。

ammonites: 菊石。几百万年前生活在海洋中、有螺旋形外壳的已灭绝生物。

arthropods: 节肢动物。体表有坚硬外壳，身体内部没有骨骼的动物。

big bang: 大爆炸。一种解释宇宙中的物质如何形成的科学理论，包括恒星、行星及宇宙中的所有事物。

bipeds: 双足动物。用两足行走的动物。

carnivores: 食肉动物。以其他动物为食的动物。

cell: 细胞。动植物生命的基本单位。

chromosomes: 染色体。内含基因的 DNA 长链结构。

class: 纲。生物分类中的一个级别，位于目与门之间。人类属于哺乳动物纲。

classification: 分类。根据生物间的相似性将其分组的方式。

Cretaceous: 白垩纪。1.45 亿到 6600 万年前的地质时期，巨大的小行星撞击地球，导致恐龙灭绝。

Denisovans: 丹尼索瓦人。曾生活在现今的西伯利亚和东亚的已灭绝人种。

domain: 域。生物分类中的最高级别。

double helix: 双螺旋。DNA 分子的形状，可以想象成一个扭曲的梯子。

DNA: 脱氧核糖核酸。构成染色体的一种分子，也是基因的基础组成部分。

echolocation: 回声定位。海豚、蝙蝠等动物利用声音来"感知"物体的能力。

evolution: 进化。生物随时间逐渐变化的过程。

family: 科。生物分类中的一个级别，位于属之上，目之下。人类所属的是

"人科"。

genes: 基因。带有蛋白质编码的 DNA 片段。

genocide: 种族灭绝。指对一个民族或一些民族进行灭绝性的屠杀。

genome: 基因组。细胞中所有 DNA 的总和。

genus: 属。生物分类中的一个级别，种的上一级。人类属于"人属"。过去这个属中曾有其他人种（如尼安德特人、直立人），现今只剩下智人。

great apes: 类人猿。另一种描述类人猿家族的方式，包括所有现存的类人猿，如黑猩猩、红毛猩猩、大猩猩、倭黑猩猩和你。

habitual bipeds: 习惯性双足动物。通常包括我们（成人）以及鸵鸟、袋鼠等动物。但不包括黑猩猩，它们能双足行走但一般情况下不这样做。

Hadean: 冥古宙。地球上第一个地质时代的名称，从地球形成开始至约 45 亿年前。该名称源自古希腊冥界之神哈得斯（Hades）。

herbivores: 食草动物。主要以植物为食的动物。

Homo erectus：**直立人**。大约 200 万年到 20 万年前存在的一种人类物种。关于他们是否为我们的直系祖先，学界尚无定论。

Homo floresiensis：**弗洛勒斯人**。在印度尼西亚的弗洛勒斯岛上发现的一个已灭绝的人类物种。他们因为脚很大，也被称为"霍比特人"。

Homo sapiens：**智人**。就是我们，是人属下的唯一现存物种。

Homo neanderthals：**尼安德特人**。一种早期人类，头部和胸部比我们现代人更大、更宽。

identical ancestors point: 相同祖先点。在远古时期，所有家系在某个时刻都有可能相交。假如你生活在那个特定时刻，并且至今还有后代，那你很可能是现今所有人的祖先。对地球上的每个人来说，这个时间点是大约 4000 到 5000 年前。

insectivores: 食虫动物。专门吃昆虫的动物。

Jurassic: 侏罗纪。大约 2.01 亿年到 1.45 亿年前的地质时期。恐龙盛行，哺乳动物开始出现。

local adaptation: 局部适应。生物为适应生存环境而发展出的特性。例如，北极熊因生活在雪地而体色为白；因纽特人饮食中鱼类丰富，所以他们的身体能更高效地处理这些食物。

membrane: 细胞膜。脂肪分子组成的细胞外层。

Mesozoic: 中生代。2.52 亿年到 6600 万年前的地质时期，中生代介于古生代与新生代之间。当时地球上的大陆被海洋分割，恐龙在这个时代占统治地位，因此又称为爬行动物时代。

metabolism: 新陈代谢。化学反应过程，将食物转化为能量。

multicellular: 多细胞生物。由许多细胞组成的生物。

nurture: 养育。你成长的环境因素，与遗传因素（你的 DNA）相对应。

organism: 生物。所有活的生命体。

ovivores: 食蛋动物。吃其他动物蛋的动物。

phylum: 门。生物分类中的一个级别，位于界和纲之间。人类属于脊索动物门，这类动物大部分有脊柱。

pigmentation: 色素沉着。在文中特指皮肤或眼睛的颜色形成。

prehistoric: 史前。文字记录出现之前的时代。

primates: 灵长目。包括猴子、猿和人类的一类哺乳动物。

species: 物种。可以进行繁殖的相关生物群体。

taxonomy: 分类学。研究生物分类的学科。

tiktaalik: 提塔利克鱼。一种约在 3.75 亿年前存在的已灭绝鱼类，体形接近腊肠犬，能在水下呼吸。

Triassic: 三叠纪。2.52 亿年到 2.01 亿年前的地质时期，位于二叠纪和侏罗纪之间，是中生代的第一个纪。这段时期，爬行动物和大量鱼类进化。约 2.01 亿年前发生了大规模灭绝事件，可能是由巨大火山爆发引起的，导致超过 90% 的物种灭绝。

trilobites: 三叶虫。5.42 亿年到 2.51 亿年前存在的海生节肢动物。已发现超过 1 万种不同物种。

tsunami: 海啸。由于海底地震、火山爆发或海上风暴而引发的巨大海浪。

致谢词

亚当·卢瑟福：

这本书凝聚了团队的心血。事实证明，为儿童写书比为成人写书难多了。我要感谢合著者们，感谢埃玛把文字雕琢得恰到好处，感谢亚当为我们带来栩栩如生的插图。我的文学经纪人兼好友威尔·弗朗西斯始终是我的坚强后盾。至于我们俩谁是汉·索罗，谁是楚巴卡，好像从没搞清过。

特别感谢 Wren & Rook 的编辑海伦和劳拉，对我一次又一次未能如期交稿的行为，我深表歉意。正是她们的包容和不厌其烦的催促，这本书才得以最终完成并呈现在你面前。

埃玛·诺里：

埃德，感谢你带来的欢笑、启发和鼓励，有了你，这本书才得以面世！也要感谢两个才华横溢的亚当，还有了不起的 Wren & Rook 团队。